SMALL AND MEDIUM ENTERPRISES IN NEW NORMAL

張文舉◎著

新常態下
中小企業
文化建設

引領中小企業走出危機

新常態下，創新和變革企業文化刻不容緩

財經錢線

前言

習慣新常態　把握新文化

這兩年,「新常態」這個詞,迅速地進入了我們的視野,成為熱門話題。這個概念,既有著哲學的高度,也有著現實的考量,確實耐人尋味。

「新常態」是怎麼一回事呢?從經濟發展角度來看,經濟新常態包含經濟增長速度轉換、產業結構調整、經濟增長動力變化、資源配置方式轉換、經濟福祉共享等全方位轉型升級在內的豐富內涵和特徵。

簡而言之,經濟新常態下,錢難賺,把握機會不容易,更加考驗企業的意志、內功與實力。

和平時代,商業就是國與國、人與人之間最直接、最具挑戰的交鋒。我很欣賞商業行為,對於廣大的企業家群體也一直抱著理解與尊重的態度。

而在眾多企業家之中,大多數企業家來自於中小企業。一般是這樣區分企業的,在工業行業當中,從業人員1,000人以下或年營

業收入 4 億元以下的為中小微型企業。其中，從業人員 1,000 人以下 300 人以上，且營業收入 2,000 萬元及以上的為中型企業；從業人員 20 人以上 300 人以下，同時營業收入 300 萬元以上的為小型企業；從業人員 20 人以下或者營業收入 300 萬元以下的叫微型企業。

工業企業，或者說其他類型的企業，從數量上來講，大部分還是以中小微型企業為主，幾乎占到企業總數的 90%。

近年來，中小微型企業的發展面臨著很大的困境。受 2008 年美國爆發的金融危機和全球化的影響，整個企業界，尤其是製造業，一直都是處於非常困難的狀態。國際上來看，全球經濟也不景氣，可謂「環球同此涼熱」。即使是從指標來看一度還不錯的美國經濟，也在 2016 年總統換屆之際面臨很大變數。

看看我們身邊，中小企業存在的各種結構性矛盾，可謂有目共睹，簡單來說就是小、散、亂、差。關於「小」，大家都能夠理解，就是企業規模普遍偏小。「散」就是具體到每一個行業來說，它的企業所占的市場份額非常分散，集中度比較低。「亂」即無序競爭、同質化競爭、市場不規範。造成這種狀況的原因既有國家監管的問題和市場自身的管理問題，也有企業自己的問題。我們中國製造業的整體產品技術水準、質量水準、企業管理水準，還有待提高。並不是說沒有好的企業，有很多優秀的中小企業，有自己非常成熟的管理辦法，有很多專利技術，也有一些叫得響、有競爭力的產品。但是就中小企業總體的狀況而言，小、散、亂、差是目前的普遍現狀。

受社會整體成本的增加、以「90後」為主的主要勞動力、經濟週期疊加等因素的影響，整個製造業和中小企業都面臨著一個前所未有的考驗。最殘酷的說法是，今後3~5年有50%的中小企業可能要倒閉、退出。中國的中小企業在這麼多年的發展歷程中，表現出一個很明顯的特徵：出生率高，死亡率也非常高。每年在工商行政管理局登記註冊的企業數量不少，同樣每年註銷的也不少。查閱相關數據可知，中小企業的平均壽命大概是兩年多。本書就專門探討中小企業如何活下來，並且長起來的話題。

企業文化是新常態下中小企業自救與發展的一個重要因素。只有好的企業文化，才能讓中小企業度過寒冬，保存實力，逐步發展，最後得以以一個健康的「體魄」來迎接下一次經濟增長的高峰。這樣才能有一個好的結果，成為有足夠體量與影響力的好公司。

企業是否轉型，對中國的中小企業來講是兩難選擇，不轉型等死，轉型怕死，為什麼呢？不轉型跟不上市場的節奏，肯定會被淘汰；轉型意味著風險，轉不好企業也難以為繼，但是轉型並不是只有風險，應該說機遇和挑戰是並存的。銷售模式和競爭方式能否變化，技術水準能否提高都是問題，但是真正決定企業的基因與未來的，始終還是企業文化。

沒有企業文化，一心只想賺錢的公司，肯定沒有前途。有著壞的企業文化的公司，一樣走不遠。有著普通的企業文化的公司，可以勉強維持，但是成就有限。只有目光遠大，並且建立起自身的發展與社

會、政府、員工、客戶、合作夥伴等各個因素都能匹配的企業文化的公司，才能走得更遠，笑到最後。

對於企業文化，我們的中小企業老闆可能都普遍有這樣的認識。第一階段是看不見。有些企業老闆對於企業文化的價值與作用基本看不見。第二階段是看不起。如果哪家企業關注價值觀、方法論，談願景，抓培訓，有些老闆的反應是看不起，對企業文化的作用表示懷疑：搞那些花架子行嗎？不可能吧？他們就是自己做不到，還看不起別人。第三階段是來不及。看到別人搞企業文化帶來了好的變化，公司漸入佳境，自己才想在後面追，又往往急於求成，結果就變得進退維谷，一誤再誤。

我創業二十多年來，耳聞目睹了許多中小企業在企業文化這個領域，一再出現各種本來可以避免的失誤，深以為憾。這是社會財富的巨大損失，也是對商業價值的消耗。因此我就有了這本書的構思與寫作，希望為社會、為商界同行提供一些可以減少損耗、增加價值的實用建議。

企業文化茲事體大，不能等閒視之。我在執筆行文時暫時還做不到舉重若輕，本人更願意抱著真誠的態度與各位讀者交流，為了講清楚一個問題，也不能免俗，比較多地用了一、二、三、四、甲、乙、丙、丁的表述。希望讀者在看到本書之後給我更多的反饋與建議，讓我的下一本書或者本書的下一個版本，能夠持續提高，與時俱進。

現在，請您進入這本略微枯燥但是充滿誠意的論述企業文化建設的拙作吧！

contents 目錄

第一章 「高大上」的企業文化

平等與創新 6

獎勵不同意見 9

價廉物美的非典型思路 12

「殘酷」也是價值觀 17

工匠精神是極致的企業文化 20

現狀：四種企業家風格 24

打造我們自己的企業文化 30

第二章 中小企業的現狀與特點

中小企業的地位和作用 36

中小企業的現狀與出路 44

國務院首次發文促進中小企業發展 56

第三章　中小企業文化建設大有可為

認識不到位，體系不具備　74

從頭開始的工作　80

企業文化建設須與時俱進　85

企業文化建設需要制度化保障　92

第四章　新常態對企業文化建設的新要求

新常態對中小企業是挑戰，也是機遇　101

移動互聯網時代的合縱　112

用好新時代人力資源　120

第五章　中小企業如何進行企業文化建設

文化要有內涵、實施要有方案　134

放長線、釣大魚——建立整體性的行為規範　138

重體系，人性化才能落地　142

重內涵，個性化才能走得遠　150

新機遇、新變化——把握「互聯網+」的機會　155

新機遇、新變化——與產品匹配的企業文化　159

補上職業化這一環　165

第六章　萬眾創新 傳統文化是根

以人為主，因道結合，依理應變　174

根植於傳統的創新才是出口　179

「不爭而勝」：科技創新與管理創新　187

「為於無為」激勵員工　196

創新需要「道法自然」與「以柔勝剛」　203

持續創新有賴於「和而不同」　209

第一章

「高大上」的企業文化

中國的現代企業發展史並不長，但是與企業文化相關的研究備受關注。圍繞企業文化的各種理論、學說、模型，各種企業文化組織、企業文化諮詢公司像雨後春筍般層出不窮。這類現象讓人覺得，好像企業家不講企業文化就沒有文化，就不懂企業管理一樣。

在探討企業文化的重要性之前，我們先看看企業文化的前世今生，再來討論企業文化對於現在的企業有什麼意義。

先從一個故事開始吧！

20世紀80年代，日本經濟處於巔峰時，日本商人不僅買下了洛克菲勒大廈，甚至還有一個日本商人想把美國的總統山買下運回日本，並就此建一個公園來幫助日本人瞭解美國文化。日本在文化上的「拿來主義」，在這個故事裡表現得淋灕盡致。

彼時彼刻，美國人不得不接受這樣一個事實：日本企業的競爭力已經超過了美國，成為世界第一。這給美國企業界和管理學界帶來極大的震動，同時也引發了美國研究日本的熱潮。美國派出了眾多學者，包括彼得·德魯克、邁克爾·波特等管理大師都對日本企業進行了研究。而這一系列深入研究讓美國學者發現，日本企業具有一種特殊的元素是美國企業不具備的，這個元素被美國學者稱為「企業文化」。

20世紀80年代初，美國哈佛大學教育研究院的教授泰倫斯·迪爾和科萊斯國際諮詢公司顧問艾倫·肯尼迪在長期的企業管理研究中累積了豐富的資料。他們在6個月的時間裡，集中對80家知名企業

進行了詳盡的調查，寫成了《企業文化——企業生活中的禮儀與儀式》一書。該書在1981年7月出版，後被評為20世紀80年代最有影響力的10本管理學專著之一，成為論述企業文化的經典之作。這本書用豐富的例證指出：傑出而成功的企業都有強有力的企業文化——全體員工共同遵守的、自然約定俗成的，而非書面強制規定的行為規範；並有各種各樣用來宣傳、強化這些價值觀念的儀式和習俗。正是企業文化——這一非技術、非經濟的因素，影響著企業的經營決策、企業中的人事任免，甚至員工們的行為舉止、衣著打扮、生活習慣都與之相關。兩個其他條件都相差無幾的企業，對企業文化重視程度的不同和運用是否得當，都影響著企業的發展結果。

當時的日裔美國學者威廉‧大內，在深入考察日本知名企業的經營管理情況以後，得出了在當時非常前衛的結論：企業文化作為管理學的最新成果已經成為現代企業的一個顯著標志。

從此，企業文化真正「登堂入室」。概括來說，企業文化是「企業成員所追求的固有價值、思維方式、行為方式和信息體系的總和」。

今天的商學院已經形成一個共識，就是每個企業都有其特定的文化。企業文化的靈魂就是企業精神，它成功體現了一個企業的追求、企業成員的精神風貌。

企業文化作為一種理念，與企業的興衰成敗息息相關，是企業與生俱來的，也是與時俱進的。在追求精神狀態的最佳化、物質財富的最大化上，所有企業的文化建設願景都是一致的。每個企業都千方百

計地讓自身具有持續的生命力和旺盛的競爭力。同時，企業所在的行業不同、性質不同、所處的地域不同、價值取向不同，為了達到美好的目標，在技術層面上，其運作方式又不一樣，這些都是企業文化的獨特性，即個性。

企業文化對每一個企業來說，都有其自身的個性。萬科的個性，不僅與格力電器的個性不一樣，與同處房地產行業的房地產公司恒大和中海也大不一樣。而企業文化之於企業內部的每個職員，則是一種共性。例如，谷歌的公司職員，無論是職位高低，都有點奔放的氣質。而在海底撈火鍋店，從經理到服務員，不管是來自哪裡，都有一股按捺不住的熱情。

文化可以像釘子一樣堅硬，又可以像水一樣柔軟，滲透進企業生產管理的各個方面。企業文化建設實施起來困難，但一旦專注去做，帶來的效果是意想不到的。不管你是否注意到，文化以各種各樣的表現方式出現在我們的生活中，影響著我們生活和工作的方方面面。

企業文化是企業中一整套共享的觀念、信念、價值觀和行為規則的總和，它能促成企業內部形成一種共同的行為模式。這種共同的行為模式便是企業文化最強大的力量所在。所以，我們這一章主要介紹一些企業的企業文化建設案例。它們之中有世界級別的公司，也有一些成長型公司。

平等與創新

索尼曾經是全球領先的科技企業，雖然近年遭遇很多波折，但是索尼品牌至今仍有一定的影響力。索尼公司的成功，一個重要的因素是創新，創新是索尼企業文化的重要內容，也是成功的要訣。

公司創建人井深大和盛田昭夫曾說：

「索尼成功的關鍵是在科學技術、管理、銷售等方面不盲從他人，永遠不是在別人後面。」「我們的一貫做法是獨出心裁，發前人之未發。」

索尼曾經每年推出約 1,000 種新產品，平均每個工作日 4 種。在管理方面，索尼也一改以往從名牌大學招聘大學生的傳統做法，而採用對畢業生來源「不準問、不準說、不準寫」的招聘方式，客觀、公正地評價應聘者，廣招天下英才，增強企業活力。

索尼公司的創立宣言是：「公司的宗旨是迅速地將戰時各種非常進步的技術應用到國民生活中去，及時地把各大學和研究所等最有應

用價值的優秀研究成果變成產品和商品。」

由索尼的案例我們可以看到，企業文化中的「文化」，是大文化概念，不是指一家企業是否有文化修養，而是指在一定的條件下，企業生產經營和管理活動中所創造的、具有該企業特色的精神財富和物質形態。它包括文化觀念、價值觀念、企業精神、道德規範、行為準則、歷史傳統、企業制度、文化環境、企業產品等。其中價值觀念是企業文化的核心。索尼在國際上縱橫半個世紀，很大程度上就得益於其價值觀念。

在索尼的發展歷史上，一度大力引進國外先進技術。六十多年前，剛剛起步的索尼公司花了 2.5 萬美元（當時可是一筆巨款）購買了美國半導體晶體管的專利權，得以在日本率先生產出半導體收音機和磁帶錄音機，

技術創新需要人才創新的支撐。索尼公司曾經有過共識，員工老在一個地方，會因為安於現狀而失去創造力，而那些不安於現狀、不墨守成規、敢於在各科研組進行嘗試的人，最具創造精神，能激發競爭動力，增強科技隊伍的活力。索尼的產品開發歷史也印證了這種說法，很多電子新產品都是他們率先推出的。例如筆記本電腦就是 34 歲的工程師平山毛遂自薦到英國考察後開發成功的。這種靈活的用人機制，使許多年輕科技人才脫穎而出，成為課題負責人，或擔任了公司重要職務。

索尼公司為了充分調動科技人才的積極性，激發他們的首創精

神，推行一種獨特的用人制度，即允許並鼓勵科技人員根據自己的興趣、愛好和特長，毛遂自薦去申請各種研究課題和開發項目，並且開通了內部人才流通渠道，允許員工在公司各部門、各科研組之間自由流動，各部門領導不得加以阻攔。

為了配合這種「尊重員工」「尊重創新」的氛圍，索尼公司在文化和管理上也進行了相應的配合。索尼公司從總裁、總經理到每一位員工，上班時間，大家都穿一樣的夾克衫，餐廳也不分等級，索尼公司的高級主管、各廠廠長都沒有單獨的辦公室，而是與工人們在一起工作，以便盡快地認識、熟悉他們。這種做法在今天屢見不鮮，但是50年前的公司就能這樣做，可見當時索尼公司的企業文化還是很給力的。

獎勵不同意見

　　學者特倫斯・E.迪爾、艾倫・A.肯尼迪把企業文化的整個理論系統概述為五個要素，即企業環境、價值觀、英雄人物、文化儀式和文化網絡。這五個要素聽上去比較學術，顯得有點不好理解。但是舉個例子大家就很容易明白了。當時仍然屬於中小企業的日本豐田，就是在這五個要素方面做出了傑出的成績。

　　被認為是管理水準世界第一的日本豐田汽車公司，成立於1933年。公司現在是全球最大的汽車廠商之一，生產的產品主要是汽車部件，包括鋼鐵、有色製品、化纖製品、塑料製品、橡膠、玻璃、各種日用品用具等。豐田汽車在1999年的美國《財富雜志》的全球500強中排第10位，其營業收入為990多億美元，總資產達1,200多億美元。近年，豐田市值已經超過1,800億美元。豐田汽車用了80多年時間從無到有，到今天擁有1,800多億美元的市值，而且在有「工業之王」之稱的汽車製造業中躋身前列，這無疑是一個壯舉。從豐田紡

織機公司的豐田佐吉起家，經過豐田喜一郎、石田退三、豐田英二、奧田碩等人的繼承和發展，豐田公司已形成了深厚的企業文化。這裡我們先說其中一條，就是豐田那一套世界聞名的「建議制度」。

豐田公司認為，好的產品源於好的想法，於是鼓勵員工提建議，在豐田總部，「好產品，好主意」這類鼓勵員工提建議的標語隨處可見。後來，這個傳統被制定為「動腦筋創新」的建議制度，詳細的建議規章和獎勵制度也隨之出現。據統計，在1976年，豐田當時大約有44,000個員工，而那一年全體員工總共提出了463,423條建議，相當於每人提出了10多條，而且不是形式主義，因為這些建議的採納率極高，僅1976年這一年，被採納的建議就有386,275條，採納率超過了80%。為了提高員工創新的積極性，豐田公司設置了高額的獎金獎勵，建議一經採納，員工將獲得500到100,000日元不等的獎金。這意味著，僅僅是獎勵建議，豐田公司一年就要支出4億多日元。

豐田主張通過技術革新來降低支出，節省成本，所以員工提出的大多是技術革新方面的有針對性的建議，幫豐田節省了大筆開支。例如工廠車身部曾有一個員工，針對車座下面彈簧發出聲音的問題提出了改進的建議。這個改進技術不難，卻讓豐田每個月節約了200多萬日元。類似的案例不勝枚舉。

在制度的保障和調動下，創新潛移默化地成為豐田的精神和企業文化。在濃厚的創新企業文化氛圍中，員工獲得了創新的樂趣和滿足

感，自身價值得到肯定，同時，豐田獲得了技術上的不斷革新，降低了成本。

不得不說，不斷發展的企業很多，但是能夠像豐田那樣在一個關鍵產業成為世界頂尖的公司，實在不多。豐田之所以成為豐田，豐田管理之所以獨步天下，與企業文化的關係太大了。

價廉物美的非典型思路

宜家在中國是一個家喻戶曉的品牌，有很多連鎖店，很多人除了喜歡它的設計和質量，更喜歡它的文化——「坐一坐感受一下」「躺下來歇歇吧」，這些邀約一般的語言，打破了之前中國人常見的碰不得、摸不得的行銷禁忌。這種體驗式行銷無疑是溫情脈脈的，以至於很多人覺得在宜家的感覺和在家差不多。

宜家的企業文化的內核與宜家的創始人英格瓦・坎普拉德（Ingvar Kamprad）密切相關。

下面幾個故事可以簡單地體現創始人是如何造就的宜家的企業文化的。

宜家決定拓展俄羅斯市場，派了一名經理去負責莫斯科店面。

一年後，莫斯科分公司虧損2億美元。因為業績和經營壓力，負責的經理回來述職時，當晚不敢回公司——按照多數人的理解是「沒臉」回公司——就在公司附近的小賓館住下，住宿費用100歐元

左右。第二天，他向坎普拉德匯報俄羅斯分公司的經營情況，包括2億美元的虧損事實。坎普拉德聽後並無反應，會議結束後，坎普拉德問他昨晚住哪裡。

這位經理坦言住在公司附近的小賓館，結果坎普拉德勃然大怒，原因是：公司那麼多床、那麼多床墊，為何不住公司，而要花錢住賓館？

對2億美元虧損的淡定和對100歐元住宿費的勃然大怒，恰是宜家精神內核的表現：不該花的錢一分不花。2億美元的虧損是預料之中的，而100歐元的住宿費則是能省卻沒省的，宜家文化所關注的無關金額大小，只關注「該與不該」。

在這一理念的支持下，宜家想盡一切辦法保持著「物美價廉」的企業生產原則。宜家對產品的要求是：產品價格更便宜，產品質量更好，產品價格便宜且質量也好。為了實現這個目標，宜家將量價關係定為商業機制核心，並以此作為歐洲乃至全球家具市場的行銷指南。

向供應商承諾採購數量可觀的產品，利用數量談價格，以長期合約的誘惑要求對方給予價格優惠，成本低自然零售價格低，零售價格低則銷售量增加，於是第二年的採購量更大。周而復始，量越大越便宜，成為宜家價格運行機制和採購-供應系統的規範。正是這一策略使得宜家成為全球範圍內「物美價廉」的典範。

宜家所有的設計、材料採購甚至裝修都秉承著這一原則，這才是

它能實現商品價廉物美、物超所值最核心的原因。這種原則和氣質，來自於坎普拉德本人。坎普拉德一直踐行著這一方針。

坎普拉德親民的性格特質對宜家企業文化的影響也很大。

坎普拉德最後一次來中國，恰逢他86歲的生日。中國員工在上海體育館對面的宜家旗艦店為他慶賀生日。

可以想像，公司的創始人來過生日，應該是很「高大上」的場面，但是坎普拉德拒絕了工作人員專門準備的麥克風和上臺講話的邀請，他選擇站在員工中間，讓所有人聚攏，和員工近距離交流。

坎普拉德在公司穿普通的體恤上班，沒有自己的辦公室，和員工一起辦公，領導者如此低調和親民，產品的理念就親民；領導者不脫離員工，員工不脫離市場，產品才不會脫離市場。

因此，只要對宜家瞭解多一些的朋友，都會說坎普拉德就是宜家，他就是宜家的企業文化的化身。因為坎普拉德本人既是企業文化的創立者和締造者，又是企業文化的執行者，正是因為他表率做得很好，才使得企業文化在員工中也得以很好地執行。

執行力正是宜家看重的部分。宜家從創建之初就十分強調執行力，看一個員工「是谷子還是糠」，關鍵是看他的執行力。開空頭支票、毫無實際作為、不具備執行能力的人，在宜家是沒有前途的，要麼他改變自己的行為和作風，要麼他就無法獲得立足之地。經過足夠的時間和足夠的改造，宜家培養了具有執行力的員工團隊。

銷量好、品牌認知度高、品牌美譽度高，這樣的企業無疑會成為

各企業學習和模仿的對象。在模仿宜家的公司中，中國的公司做得不算早也不算好。

早在20世紀70年代，日本就有過模仿宜家的案例。當時宜家在日本的代理商，在合約期滿之後，因為宜家不續約而轉為自營。代理商的主業原本是微型軸承，因為其深受宜家企業文化的感染，加之多年經營宜家的經驗，對宜家的生產經營、產品銷售等諸多環節都了如指掌，於是宜家原本的代理商自己創立了另一個與宜家相似的企業。

新設立的公司總部在新加坡，聘請了幾十名義大利設計師，找了許多經營專家，專注於品牌設計和企業文化的打造。其旗艦店的設計水準遠超過宜家，一度是設計領域的典範。

但是奇怪的事情發生了，新公司的生意並不好，甚至絲毫沒有影響到宜家在新加坡和日本的生意。

這位日本老板原本以為是規模的問題，因此增加資金、增加產品、增開連鎖店，最終都以失敗告終。歸根究柢，是因為他沒有從根本上理解宜家的企業文化。

事實上，半個世紀以來，對於宜家的模仿和抄襲從來就沒有中斷過，包括從宜家離職的老員工都曾試圖「再造宜家」，卻從來沒人成功過。

絕大多數人，無論是普通消費者還是企業員工，都喜歡宜家那樣溫情脈脈的文化。但是隨著時代的進步，過去好的、有效的企業文化今天可能就不適用了，甚至成為企業發展的阻礙，因此需要企業文化

的自我革新。企業領導者需要在企業文化建設中建立一種有序的非平衡機制，不斷打破固有的、僵化的舊平衡機制，在不平衡中追求新的、更高級別的秩序，即不斷地戰勝自我，推動企業文化的創新，推動企業走向成功。

企業之所以願意花時間和金錢塑造企業文化，根本原因在於企業文化所具有的內在價值：增強該企業的競爭力，所有員工持同一種價值觀，為著同一個目標齊心協力奮鬥。

企業在發展的初級階段，因為時間、資金和其他各種資源的匱乏，沒有自行研究和創新的能力，尤其是中小企業，如果想很快獲取一定的經營收益，往往需要依靠模仿和複製，也就是「山寨」。從中國企業家和中國文化的角度看，模仿是致敬的一種方式。

中國很多的新興科技企業沒有時間、資金和其他各種資源來進行研究和發展，同時還缺少有經驗的員工，企業若想追求即時成功只能依靠「山寨」。在中國新興企業的初期發展中，很多企業都是通過借助國際技術和已成功的企業形態，綜合中國消費者的特點而模仿成功的。當前的中國企業和企業家們已經開始嘗試創新，但是仍有一些參考或者抄襲的痕跡。產品，尤其是互聯網產品本身比較容易被抄襲，但是企業文化未必好抄襲，因為其是否適合自己的公司，是否具備參考意義，都需要企業家自己權衡，不能盲從。

「殘酷」也是價值觀

亞馬遜無疑是一家非常成功的企業。十幾年來，作為電子商務的代表，它已經成功地重塑了人們的購物方式，而且還將持續創新下去。亞馬遜管理體系的重要特點之一就是「隨時反饋工具」（Anytime Feedback Tool）。員工可以利用這項技術將反饋發送給管理層。雖然這個概念在理論上頗為紮實，但工具本身卻引發了意想不到的後果。

按照大多數人的感受，亞馬遜的工作環境是頗為殘酷的。每年它會將表現墊底的一成員工掃地出門。一般來說，嚴苛的標準和無處不在的職業倦怠，會使員工離職率居高不下。但這難不倒亞馬遜，因為有源源不斷的求職新人會補充進來。亞馬遜想什麼時候招聘新人，隨時可以招到，以至於在亞馬遜的團隊中，那些並不是始終都將工作置於首位的員工隨時有被取代的危險。

這種潛在的威脅，會讓員工產生壓力。這種壓力對於鴿派性格的員工而言，會讓職場變成地獄，但是卻是另一種人，即鷹派性格的員

工的天堂，因為壓力越大，動力也越大。所以這種企業文化並不妨礙亞馬遜繼續在全球範圍內的擴張。

亞馬遜具備廣泛知名度和海量資源，可以吸引和留住人才。狼性的人集合到一起，則形成「狼性」的氛圍。員工如果想留在這種資源、信息和知名度都無與倫比的企業中，就必須發揮其最大競爭力，個體員工競爭力的集合就是企業的競爭力。其他企業若想抄襲和複製這種企業文化，首先要考慮的是：就算你可以用嚴苛的高標準轟走員工，那是否可以輕易地找到人來取代他們？

亞馬遜的文化是貝索斯個性的直接產物，他的個性從創立之初便深植於公司的文化。這種企業文化對亞馬遜是有效的，但搬到其他公司，幾乎可以肯定很難奏效。

在企業的各種資源中，人力資源是最重要的。而人力資源要發揮巨大作用的先決條件是解決觀念問題，如果觀念不改變，再好的技術、設備、管理系統包括企業文化都沒有用。比如擁有世界一流的加工設備，但還在生產「大路貨」，產品肯定沒有市場，好設備也無用武之地。只有調整觀念、適應市場需求、站在時代發展的高度上來，統一認識，才談得上配置企業的其他資源。同樣，企業文化如果一直囿於舊觀念的束縛，則必定不能跟上環境的變化，即便再好的企業文化也會失去先進性，制約企業的發展。而企業觀念要轉變則首先依賴於企業領導者觀念的轉變，因為企業觀念的轉變只能是自上而下的。如果一個企業的領導者只要求員工轉變觀念或者僅僅局限於對員工觀

念的轉化做一些總結，這樣的「觀念轉變」只是表面的，它不會從根本上改變企業的文化，自然，靠這種「轉變」來提高企業的競爭力肯定是徒勞的。觀念轉變絕對涉及利益的調整，肯定會受到既得利益團體、個人的反對，也要承擔相應的風險，只有企業領導者才有能力承擔這一責任。另外，企業觀念轉變是整個系統的改變，絕非幾個人或某幾個部門的改變，這就需要企業領導者站在全局高度盡可能指出適合實際需求的轉變方向，做出正確的選擇。

工匠精神是極致的企業文化

　　上面幾個都是大企業建設企業文化的例子，或者說，它們是依靠優秀的、適合自己的企業文化從小企業成長為大企業的。那麼，有沒有中小企業自己的成功的企業文化故事呢？有的。近段時間，從領導人到普通百姓，都經常提到一個名詞：工匠精神。工匠精神就是企業文化的一個生動表現，甚至可以說，是企業文化極致追求的產物。

　　工匠精神代表了一種氣質：堅定、踏實、精益求精。哪怕是微小瑣碎、簡單重複的工作，職員們也要做到極致。遺憾的是，在今天的中國，我們很少能夠看到這種具有工匠精神的員工或企業家。大家的心態普遍很浮躁，不少人喜歡削尖腦袋鑽空子。太多的人思考的都是如何在三五年內把企業規模做大，上市圈錢。很少有人願意沉下心來，慢慢把事情做精做細。所以，當前我們的很多企業都是在野蠻生長，而我們為成長所付出的環境代價、資源代價都是驚人的。

　　說到工匠精神的代表，不得不提日本。在日本，無論從事什麼職

業，只要把工作做到極致，就會得到社會的認可與尊重。在這種思想的驅使下，匠人每日都在努力工作，生產質量優異、體驗良好的產品。如果任憑質量不好的產品流通到市面上，這些日本工匠（多稱「職人」）會將之看成是一種恥辱，與收穫多少金錢無關。這正是當今應當推崇的工匠精神。

日本著名建築公司——「大林組」的施工人員在承建「表參道之丘」這一新興建築時，與設計圖要求的 280 米高度分毫不差。工人認為，如果實際高度與設計圖出現偏差，將會是他們的恥辱，會使他們失去作為建築工人的自尊。職業自尊是敬業情懷的最高體現。匠人對所從事事業的熱愛勝過對它能為自己帶來的經濟效益的熱愛，即使自己的勞動成果稍有缺陷，也不能算作完工。他們因為尊重職業，而贏得他人尊重。

在日本，許多行業都存在一批對自己的工作有著近乎「神經質般」追求完美的匠人。他們對自己的產品要求幾近苛刻，對自己的手藝充滿驕傲甚至自負，對自己的工作從不厭倦並永遠追求盡善盡美。

岡野信雄，日本神戶的小工匠，30 多年來只做一件事：舊書修復。在別人看來，這件事實在枯燥無味，而岡野信雄樂此不疲，最後做出了奇跡：任何污損嚴重、破爛不堪的舊書，只要經過他的手，都會變得如新書一樣，就像施了魔法。

在日本，類似岡野信雄這樣的工匠不在少數。在一粒米上放置上

百顆齒輪？這聽起來像天方夜譚，但日本的樹研工業股份公司花了近十年的時間做到了。1998年，樹研工業用整整6年的時間，生產出當時世界上最輕的齒輪——僅十萬分之一克。但是樹研工業並沒有滿足於此而停滯不前。他們不斷挑戰自我，在2002年，又批量生產出重量僅有百萬分之一克的粉末齒輪。這種齒輪有5個小齒輪，直徑0.147毫米，寬0.08毫米，其精巧程度讓人嘆為觀止。

沒有人要求樹研工業一定要做最小的齒輪，但是樹研工業就是在自己的領域，不斷挑戰自我，超越自我。這種追求完美、力求極致的精神，就是日本工匠精神的體現。

說到日本的壽司，位於東京銀座、連續兩年被評為米其林三星餐廳的壽司店——數寄屋橋次郎壽司店估計無人不知、無人不曉。

店主小野二郎已年逾90，他的一生有超過75年的時間都在做壽司、思考如何做壽司，甚至做夢都夢見壽司。他對壽司傾註的心力，讓無數顧客都產生敬意，並因此被譽為日本的「壽司之神」。

從食材開始，小野二郎對做壽司的每一個細節都苛求完美。他每天早上會親自去魚市場挑選食材，過問所有細節；除了工作以外他永遠戴著手套以保護他做壽司的雙手，甚至睡覺都不曾摘下；他要求徒弟做一個完美的蛋卷，在徒弟失敗幾百次後才給予認可……小野二郎的壽司店，與其說是在做餐飲，不如說是在料理店裡修行。

所有環節務必完美，這就是小野二郎對壽司的要求。難怪即使起價3萬日元，即使要提前1個月預約，即使是只有10人座位的小店，

這家壽司店依然讓眾多的食客專程前去品嘗，每個吃過的人都會忍不住感嘆，這是「值得一生等待的壽司」。

這些公司，這些匠人，沒有公關團隊寫文章為他們推廣，沒有光環聚焦追捧，但是沒有關係，因為這些並不影響他們對於品質的追求，也不影響他們對於自身的認知。

具有工匠精神的人做出的產品從不擔心被模仿，即便把圖紙、原理及製造過程公開，也很難有人做出相同品質的產品。因為它的加工技術和各種參數配合併不是一般工人能實現的，只有真正具有工匠精神的人才能做到。

說實話，索尼、豐田與宜家的成就，可能是大多數中小企業短時間裡難以企及的。但是，像本節提到的其他小公司，則是大多數中國企業家都能夠學習、能夠趕超的榜樣，至少在企業文化建設這方面是能夠奮起直追的，關鍵是，有沒有這樣的決心，以及能否培養出這樣的耐性。

現狀：四種企業家風格

就像前文提及的那樣，創業者和企業家的思想、意識、哲學、信仰、品行、氣質甚至道德準則、思維方式和習慣，都會影響企業的價值觀和經營哲學。什麼樣的父母教育出什麼樣的孩子，什麼樣的土壤種植出什麼樣的果實，什麼樣的企業家就會有什麼樣的企業文化。這種企業文化可以傳承幾代，延續上百年，乃至傳播到更廣闊的地域和國家，會在本土的經營、拓展中和當地的文化碰撞、結合，找到屬於自己的空間和養分，找到自己的土壤和生長方式。在已經營上百年的長壽企業中，企業文化的影響力看似不明顯，卻滲透到企業精神和員工氣質的諸多方面。

在現代企業制度下，並不是所有企業的高管都是企業的所有者或者創始人，他們初到企業大多面臨文化適應、水土不服的問題，這正是企業文化發揮作用的時候。因此作為企業的創立者和領導人及潛在的創立者和領導人，很有必要深思企業文化、制度和經營策略背後的

邏輯、脈絡和成因。

如果說經濟環境、社會發展進程乃至產業發展階段都是影響企業的文化特色的表現形式的外部環境，那麼企業創立者和經營者的領導風格則可從內部影響企業的文化特色，甚至決定企業的文化性質。

企業領導的風格不同，企業文化的表現形式就會不同，企業領導人的個人風格會從語言行為、對下屬的態度、思維模式、處事方式、經營思路、文化主張等各個方面表現出來。

很多成功企業即便更換多任首席體驗官（CEO），仍保持著創始人的風格和精神。國際商業機器公司（IBM）從1911年成立至今，已歷經一個多世紀的風風雨雨，從還是小企業的時候，這家公司就表現出與同類企業截然不同的特質，它的企業文化被歷任CEO不斷完善和豐富，但仍然保持著創始人托馬斯・約翰・沃森（老沃森）的風範和精神。柳傳志卸任後，將聯想交給楊元慶等幾位領軍人物手中，希望用集體領導取代家長制，但其家長制的「強權」管理核心仍影響著企業。

根據二維象限分析法，領導的行為和風格可分為四種，即命令型、教練型、支持型和放任型。同時，任何一位領導都不可能只有一種類型的行為，但是權威數據分析顯示，不同的領導風格很明顯地受制於主導風格。

命令型風格的領導，無論是做事情還是與下屬溝通，幾乎都依靠命令性的思想意識，在企業裡多是領導說了算，下屬只能無條件服

從。注重監督下屬的工作，這種領導風格會使絕大多數員工處於被動狀態，不能按照自己的願望行事，即使有想法也不敢說或不願說。長此以往，有些員工會憤憤不平，不願合作，甚至離開企業，留下來的員工其責任感和工作熱情也會逐漸消退，獨立工作能力也漸漸被削弱，只剩領導自己孤軍奮戰。在這樣的領導風格下，企業文化通常會發展成為「鷹式文化」，即領導多依賴個人能力，忽視團隊協作。

比如，柳傳志的管理就是家長式的管理，聯想在他的眼裡就是一個大家庭，儘管繼任者楊元慶是外姓，卻也是他一手訓練培養出來的「學生」，繼承了柳傳志的管理特性。儘管柳傳志在管理上曾經有所創新，具體的表現是所有人都直呼姓名，但公司內部的服從性仍舊深刻地體現出了「家長制」做派的文化特徵。這種文化特徵的表現是崇尚權威、服從命令、令行禁止等。

教練型領導，顧名思義，領導者就像體育競技場上的教練，陣型、技法由教練決定。隊員們做得不好時，教練會進行調整、指導並給予鼓勵；隊員們表現好時，教練會在場下為隊員們歡呼助威。教練型風格的領導通常一邊指揮，一邊激勵。他們指揮工作，給下屬指派任務，同時也聽取下屬的建議或想法，但決策權在領導手中；隨時對工作的好壞給予反饋並糾正，幫助員工提高能力。這樣的領導會根據員工的能力和弱點幫助員工設定目標，並給員工發表意見和想法的機會和空間，他們願意給員工安排有挑戰性的任務，即便失敗，秉持著能提高員工工作能力、吸取經驗教訓的想法，領導也願意承受，並適

時給予鼓勵。在這樣的領導風格下，企業文化通常會是「狼群型文化」，即個人能力強大，團隊力量也強大。

柳傳志將「權杖」交給楊元慶之後，柳傳志本人對企業的影響方式略有變化，從原本的命令型轉為更傾向於教練型，但中間有幾次「柳傳志回來」的周折。可見兩種不同的領導風格在發展磨合中會出現一些反覆，也從一個側面體現出，柳傳志本人對於聯想企業文化有著直接有效的影響力。

與前兩種風格的領導不同，支持型風格的領導最大的特點是支持多、指揮少，他們會經常鼓勵、支持下屬的工作，而很少去告訴他們該怎麼做。做決策時會經常開團隊會議，讓下屬們參與決定。在這種情況下，員工的工作意願通常較強，自覺性較高，熱愛工作，知道自己該幹什麼，但是由於領導指揮較少，員工有時候可能會感覺心有餘而力不足，需要領導提供幫助和指導，大家協作完成任務。在這種領導風格下，企業文化通常是「蟻群文化」，既獨立自主又彼此依賴，為了共同的目標而努力。

放任型風格更好理解，就是撒手不管，任由下屬去做，既不指揮，也不支持。領導者不給下屬太多指導，讓他們自己發現問題、糾正問題，同時也很少給下屬鼓勵，把決策交給下屬去做，允許他們變革。這種領導風格形成的原因有很多，比如領導權力有限、能力低下、資源不足等，會導致企業內部管理混亂，團隊績效低下。在這種領導風格下，企業文化通常類似於「驢式的企業文化」，即個人能力

和團隊協作能力均不足，企業難以發展。

在現實的企業經營中，領導不會只依賴一種領導風格，有可能四種領導風格交互運用，根據企業所處的不同發展時期、具體的發展狀況及不同階段的發展目標等，使用不同的領導風格。

相比較而言，眾多的中小企業，在這方面表現得非常明顯。

新時期的互聯網企業和科技企業的企業文化受到創立者個人特點的影響更為明顯，因為創立者本人的「新新人類」的形象、思維習慣和生活方式，導致這些企業的氣質特徵中也有「新新人類」的文化特質。

2008年，莫里‧格雷厄姆加盟Facebook。當時的Facebook雖然處於創業初期，但已有400名員工，用戶數也已有8,000萬，雖然新，但是這頭小巨獸已經初露頭角。公司當時的座右銘是「快速行動，破除成規」，對公司的企業文化暫時沒有明確定義。格雷厄姆正是在此時帶著使命加入了Facebook，對Facebook的企業文化進行系統梳理和定義。

莫里‧格雷厄姆意識到，她的工作不僅是讓外界瞭解Facebook的企業文化，還需要在公司內部形成共同的價值觀和文化特質。所以她對當下的情況和未來的文化訴求進行了梳理，之後她發現有兩個重要的問題擺在面前——未來Facebook希望自己成為什麼樣的公司？在Facebook內部工作是怎樣的體驗？這兩個問題是Facebook還沒有想清楚答案的問題，也是即將首次公開募股的Facebook與外界溝通

時必須面對和回答的問題。

公司的文化不是靠揠苗助長或者生搬硬套得來的，其關鍵還是要保持公司自身的特性，並讓員工在公司快速發展的過程中保持十足的干勁和創新意識。因此她把這兩個問題放到公司內部進行廣泛和深入的探討。格雷厄姆邀請最早加入 Facebook 的那批人參與這一話題的討論，具體的操作方式是：將他們分成組，分別問他們，在談論 Facebook 時，你通常會用什麼詞語去描述它？大家在回答這個問題的過程中都有意避免使用「黑客」而特意選擇「創新」這樣溫和的詞語。可能是因為「黑客」這個詞有貶義的色彩，在互聯網發展的特定階段，黑客被認為是頭腦聰明但是沒有責任心的、不修邊幅的科技恐怖分子，其中一部分黑客還被認為是社會破壞分子，因此很多人不願意被貼上「黑客」的標籤。

然而，在接下來的兩年中，通往 Facebook 總部的大道被命名為「黑客大道」，而 Facebook 園區中心廣場也被命名為「黑客廣場」。「黑客文化」已成為 Facebook 的重要文化特質，也是 Facebook 文化中不可或缺的重要組成部分。Facebook 不僅認可黑客文化，還在互聯網行業甚至社會上為黑客做了正名的工作。可以說，正是這次探討最終使得「黑客文化」成為 Facebook 有別於其他公司的獨特文化。

打造我們自己的企業文化

我們是中國的公司，筆者關注的是中國的企業家，因為，我們必須要對於中國的企業文化有自己的認知與貢獻。

一個企業的規模從小到大，想建成百年老店，持續發展，實現「立民族志氣，創世界名牌」的宏偉目標，在汲取各方文化精華的同時，必須逐步形成自身獨具特色的企業文化，並堅持不懈、不斷發展和昇華。

作為數千年未曾中斷的文明，中國文化與西方文化在基本的價值取向、思維方式、行為準則和精神追求方面都有著相當明顯的區別。

從1978年改革開放開始，中國逐步進入了世界市場經濟體系。中國作為一個資源、技術、管理經驗都十分欠缺的後發國家，經過近40年的發展，經濟飛速增長已經成為一個不可忽視的現實。隨著中國市場的國際化與中國企業的國際化，我們越來越迫切地需要認識清楚，中國企業的核心競爭力在哪裡？這是中國企業管理模式問題產生

的歷史與文化背景。

　　以中國管理哲學來結合西方現代管理科學，並充分考慮中國人的文化傳統和心理行為特性，以達成更為良好的管理效果。中國式管理其實就是合理化管理，它強調管理是修己安人的歷程。中國式管理以「安人」為最終目的，因而更具有包容性；以易經為理論基礎，合理地對應「同中有異、異中有同」的人事現象；主張從個人的修身做起，然後才有資格來從事管理，而事業只是修身、齊家、治國的實際演練。

　　中國的企業文化，在與國際交流中最有生命力的還是受中國傳統文化影響的那部分。要想發展、繁榮中國的企業文化，一方面要吸收國外企業文化的優秀部分，另一方面要把我們好的文化繼承下來，在融合的過程中創新，實現兩種文化的對接和超越。

　　總而言之，企業文化之所以成為企業的靈魂，是因為它以下的獨特作用：企業文化播種一種觀念，培育一種行為，從而收穫一種結果。按照中國以前通俗的說法，就是要在靈魂深處「鬧革命」，解決人們在觀念、感情、情緒、態度方面的問題。

　　雖然企業文化一度被擺上神壇，過度詮釋，但是我們用平常心來看，也能體會到企業文化的價值無可替代。

　　對待這個舶來品，我們的態度是既不仰視，也不要矯枉過正。

　　認同感——凝聚人心，增強員工的歸屬感。部門壁壘——協作成本，拆除部門壁壘，降低協作成本，把企業整合為一個統一的協調的

整體，靠的就是企業文化。

企業文化作為一種對心理的約束，可以規範行為，並能代替部分的制度約束。

企業文化，還可以減少在物質激勵、制度規範監督方面所必須付出的高昂費用，降低管理成本。

企業文化建設有助於企業成為優秀的社會成員，對社會和環境都有積極的影響。

有關中小企業的企業文化如何在新常態下進行建設的話題，我們將在本書餘下的五章之中詳細闡述。

第二章

中小企業的現狀與特點

對於本書的主體內容，我們先來做一個大概的界定。

中小企業，又稱中小型企業或中小企，它是與所處行業的大企業相比，在人員規模、資產規模與經營規模上都比較小的經濟單位。此類企業通常由單個人或少數人提供資金組成，其雇傭人數與營業額皆不大，因此在經營上多半是由創立者直接管理，受外界干涉較少。

中國改革開放以來，中小企業在發展過程中面臨著很多困境，也有不少機遇。有一句話來形容中小企業的重要性非常恰當——中小企業是中國經濟的細胞。確實，中小企業是實施「大眾創業、萬眾創新」的重要載體，在增加就業、促進經濟增長、科技創新與社會和諧穩定等方面具有不可替代的作用，對國民經濟和社會發展具有重要的戰略意義。

一直以來，國家對中小企業的扶持政策有很多，如：

（1）國家科技創新、創業人才推薦；

（2）科技型中小企業技術創新基金；

（3）企業研究開發費用稅前加計扣除；

（4）「互聯網+」領域創新能力建設專項；

（5）大數據領域創新能力建設專項；

（6）國家高新技術企業認定。

當然，能夠享受這些扶持政策的公司數量有限，大多數中小企業，還是只能靠自己的打拼來贏得生存與發展。

中小企業的地位和作用

在很長一段時間裡，我遇到的政商兩界的頭面人物之中，一度十分流行一種觀點——中國的經濟發展是否健康，主要看是否有一批大公司、大集團能健康、持續發展。

正是因為這樣的思路，所以不少人會錯誤理解「抓大放小」的方針，認為國家與社會應把主要資源投入到搞好大企業、大集團的事情上來，而不怎麼重視搞好中小企業。1997年的亞洲金融危機帶來的沉重後果，使中國各界人為震驚，中國面臨改革開放以來首次經濟增長率下降、需求難以啟動的窘境。國難思良將，這時候，主流社會與決策層開始把更多關注的目光轉向中小企業。

官方首次強調中國發展中小企業的重要性，是在1998年4月專家學者討論國有企業下崗職工分流出路的時候。中國共產黨的十五屆四中全會《關於國有企業改革和發展若干重大問題的決定》明確提出：要重視發揮各種所有制中小企業在活躍城鄉經濟、滿足社會多方

面需求、吸收勞動力就業、開發新產品、促進國民經濟發展等方面的作用。在中國的企業改革中，繼續貫徹「抓大放小」的方針，在發展大企業、大集團的同時，高度重視發展小企業，採取更加有效的政策措施，為各種所有制小企業特別是高新技術企業的成長創造必要的條件。要進一步放開搞活中小企業。

這項政策的提出確實是務實之舉。

中外市場經濟發展的各種實踐已經反覆表明，中小企業的大量存在是一個不分地區和發展階段而普遍存在的現象，是經濟發展的內在要求和必然結果，是保證正常合理的價格的形成、維護市場競爭活力、確保經濟運行穩定、保障充分就業的前提和條件。無論是高度發達的市場經濟國家還是處於制度變遷的發展中國家，中小企業已經成為國民經濟的重要組成部分。加快中小企業發展，可以為國民經濟持續穩定增長奠定堅實的基礎。

以華為為例，這家公司哪裡有一句流傳甚廣的話——讓聽得見炮火的人做一線的決策。華為創始人任正非欣賞美國海軍陸戰隊的文化，並且能夠挑出這個關鍵點，非常有眼光。

軍隊是執行層級信息匯報規則頗為嚴格的組織，在一線戰鬥過程中往往需要信息的即時傳遞。如在阿富汗的美軍特種部隊，前線特種兵一個通訊呼叫，飛機即可從航空母艦起飛開炸，炮兵就能開打，導彈就可以發射。海豹突擊隊的作戰小組在執行突襲本·拉登的任務過程中，每個隊員的右耳麥能接聽整個行動部隊網絡的信息。這意味著

作戰小組到決策層的信息都是同步更新、即時決策的，因為一線戰鬥小組不可能在千鈞一發之際，還有時間去向排長到師部進行作戰方案的層層匯報。

對於組織來說，多層級會帶來信息量的層層衰減，同時形成了決策層與執行層之間的「隔熱層」。要保持決策到執行的高效率，就需要把不必要的層級砍掉，並時刻保持最高層與一線的信息對稱，提高決策效率，保證執行精準。打破種種官僚制度的桎梏，是大公司先天就要面對的難題，於中小企業而言，這樣的障礙較少。

小的是美好的。這句經濟學上的名言，對於今天的中小企業來說，是一個可以實現的美麗願景。

言歸正傳，說回中小企業的合法性與存在意義，綜合各種理論，對照中國社會的現實，我們發現中小企業有以下這些值得稱讚的特質。

首先，中小企業是國民經濟的重要增長點，是推動國民經濟持續發展的一支重要力量。

中小企業在中國的國民經濟發展中，始終是一支重要力量，是中國國民經濟的重要組成部分——這話雖然聽起來有點枯燥，但是非常重要。沒有了這個定位，中小企業在中國就沒有地位，也就沒有了生存發展的基礎。正所謂「茲事體大，不能等閒視之」。

在今天的中國，中小企業作為市場競爭機制的真正參與者和體現者，在很大程度上可以說是推動經濟發展的基本動力，體現出中小企

業的先進性、革命性和生命力之所在。同時，中小企業以其靈活而專業化的生產和經營，給配套的大企業帶來協作一體化的好處，大大節約了成本，降低了風險，增強了營利性。中小企業量大面廣，分散在國民經濟的各個領域，並且日益成為經濟增長的貢獻者，對國民經濟的發展起到了有效的輔助和補充的作用。

有關資料顯示，中小企業對各國經濟的貢獻率在不斷上升。特別是改革開放以來，中國的中小企業得到了迅速發展，對國民經濟發展的貢獻越來越大。中國經濟持續增長，中小企業功不可沒。據有關部門統計，20世紀80年代以來，中小企業的年產值增長率一直保持在30%左右，遠遠高於全國的總經濟增長速度。20世紀90年代以來，中國工業新增產值的76.7%是由中小企業創造的。如目前中國的食品、造紙和印刷行業產值的70%以上，服裝、皮革、文體用品、塑料製品和金屬製品行業產值的80%以上，木材、家具行業產值的90%以上，都是由中小企業創造的。

其次，中小企業是增加就業機會的基本機構，是社會穩定的重要基礎。

世界各國政府幾乎沒有誰會不重視中小企業的發展。因為中小企業在解決就業問題方面有重要作用。民以食為天，要讓人自給自足，就得讓他們有工作。就業問題，始終都是關係經濟發展和社會穩定的重要因素。中小企業一大特點就是面廣量大、開業快、投資少、經營靈活，而且大部分企業屬於勞動密集型產業，對勞動者的勞動技能要

求低，因而吸納勞動力的容量相對較大，能創造更多的就業機會。

據美國聯邦眾、參兩院中小企業委員會和中小企業管理局介紹，在美國平均每 10 個人就擁有一個中小企業。美國 1993 年以來新增的就業機會中有 2/3 是由中小企業創造的，美國就業人口的 52% 在中小企業工作。大量中小企業實際上是靠自我雇傭，降低了政府安置就業的壓力，也提高了就業率。

中國作為一個工業化水準較低、人口眾多的發展中國家，還面臨著近年城市化進程加速、產業結構大調整、國際經濟進入動盪期等諸多問題，因此就業壓力巨大，妥善解決勞動力的出路問題是國家長治久安、社會穩定的根本保障。從資源配置的角度看，中小企業有利於發揮中國人力資源數量多的這一特點。中小企業是社會就業的主要承擔者。據測算，對於相同的固定資產投資，中小企業佔用國有資產僅 17%，吸納就業容量卻達 74%，吸納的就業容量為大型企業的 14 倍；而對於相同的產值，中小企業吸納的就業容量為大型企業的 1.43 倍。這些都是值得中小企業自豪的數字！

再次，中小企業是促進農業、農村經濟發展和增加地方財政收入的重要來源。

農業、農村和農民問題是中國經濟和社會發展中的重要問題。支援農業，促進農業和農村的發展，對於中國具有特殊的意義。不解決好三農問題，國民幸福指數會大打折扣。中小企業是農村城鎮化的先鋒隊，是提高農民收入的重要來源。中國的中小企業相當部分是鄉鎮

企業或私營企業。這些中小企業尤其是鄉鎮企業把分散的農戶集中起來，實現大規模、集約化生產，吸納了大量農村剩餘勞動力。1978年以來，從農村轉移出來的2.3億勞動力主要是由中小企業吸納的。這不僅有利於社會穩定，而且對中國農村城鎮化進程起到了巨大的推動作用。農村工業化、農村城鎮化是任何一個現代化國家在其發展過程中都不可逾越的歷史階段。

而中小企業，又是地方財政收入的重要來源。中國各級政府80%的財政收入來源於中小企業。尤其是在中國的縣級經濟中，中小企業佔有很大的比重，中小企業的發展，直接為地方財政提供稅源。事實上，哪個地區的中小企業效益好，哪裡的財政收入就多，群眾的負擔就比較輕，干群關係就比較協調，社會穩定也有了牢固的基礎。這又是中小企業對於中國社會的巨大貢獻！

然後，中小企業對活躍市場具有主導作用。

社會需求的多層次決定了商品市場的多層次。中國地域廣闊、人口眾多、各地文化也大不一樣。多數中小企業都不是高科技公司，大多屬於紡織、衣服鞋帽、家電等行業，具有貼近市場、經營機制靈活等優勢。在外部經營環境惡化時，大企業的應變比較慢，成本也高。而中小企業船小易掉頭，對經濟變化能做出迅速反應。中小企業的存在和發展，還可以保證市場活力，促進市場競爭，避免少數大公司對市場的壟斷。中小企業可以利用其經營方式靈活、組織成本低廉、轉移進退便捷等優勢，更快地接受市場信息，及時研製滿足市場需求的

新產品，盡快推出，占領市場。中小企業本錢小，風險大，但機制靈活，敢於創新，可以利用自己的優勢，參與那些大型企業不願涉足的「多品種」「小批量」「微利多銷」和維修服務，以及新興領域，從而使整個市場活躍起來。

改革開放以來的實踐表明，哪些地區的中小企業發展較快，哪些地區的市場也就相對活躍；哪些地方的中小企業不發展，哪裡的市場就相對呆滯。之所以如此，其原因就在於中小企業在創新上起了十分關鍵的作用。只要利用中小企業靈活多變的優勢，引導它們放開搞活，對活躍市場能有事半功倍的效果。同時中小企業在中國經濟改革中起著「試驗田」的作用，中小企業改革成本低、運作簡便、引發的社會震動小，相對較易進入新機制。諸如承包、租賃、兼併、拍賣、破產等企業改革的經驗，往往是先讓中小企業試行取得成效後，再逐步向國有大型企業推廣的。

最後，中小企業是大企業健康發展的保證，中小企業在制度創新中可發揮重大作用。

大企業是由中小企業發展而來的。隨著社會主義市場經濟體制的建立，企業走上了自主發展道路，今天的中小企業很可能成為將來的大企業。

在市場經濟導向的經濟體制改革中，中小企業因其改革成本較低，可以起到改革「試驗田」和「先驅」的角色，率先進行各種改革嘗試，為更大規模的改革提供經驗。中小企業還可以提供就業機

會，吸收在改革過程中從國有大企業中精簡出的人員，從而減輕改革帶來的社會壓力。另一方面，大量中小企業的創辦與充分參與市場競爭，能夠培育出大批企業家人才並培養企業家精神。這種寶貴的企業家資源和精神，對中國社會具有極為深遠的重大歷史作用。而國有大企業，因其與傳統體制、政府機構的關係，很難從中培育出足夠數量與質量的企業家，更難以形成企業家精神的氛圍。

往更高層次的公序良俗與社會倫理層面來看，中小企業是市場經濟公開、公正、公平原則的最積極的維持者。正因為其競爭力相對較弱，所以更容易受到強大的外部勢力和不公平競爭的損害。市場經濟的繁榮是來自競爭的繁榮。現代經濟發展中既存在著集中化的趨勢，同時也保持著不斷分散的制衡過程，主要表現為大量中小企業不斷湧現，分佈在幾乎所有競爭性行業和領域中。野火燒不盡，春風吹又生。競爭長期存在的中小企業，是推動經濟繁榮、市場活躍的基本力量。

中小企業的現狀與出路

　　說完了以上的各種亮點，現在要來看看為社會帶來這麼多好處的中小企業過得怎麼樣。

　　近幾年，由於勞動力、資金、原材料、土地和資源環境成本不斷攀升，人民幣總體處於升值通道，中國已經基本告別低成本時代。對於依賴「成本驅動」，並處於全球產業鏈低端的中小企業而言，做實業變得越來越難，特別是面對發達國家「再工業化」的新趨勢，尤其是美國新當選的總統特朗普高舉貿易保護主義旗幟，使中小企業原來的經營模式將面臨新的衝擊，難以為繼。

　　事實上，中小企業感到實業難做的一個重要原因是，傳統製造業的利潤被成本上漲因素抵消殆盡。改革開放以來，中國經濟保持了高速增長，其中農村勞動力轉移和勞動人口占比持續上升。這不僅為中國經濟發展提供了充足的勞動力保障，也通過高儲蓄率保證了資本存量的不斷增加。但這一增長動力在 2004 年之後開始弱化。2004 年前

後，中國東南沿海出現了低端勞動力供給緊張的問題，製造業成為用工荒的重災區，隨後一些中部地區如湖南、河南等農村勞動力的流出省份，也出現了用工緊張的現象。這幾年「90後」員工的擇業觀正在發生變化，加上新勞動合同法的推行，導致中小企業的人力資源成本節節上升。這對於中小企業來說更是全新的挑戰。

雖然中小企業先天有著資本不足、實力有限等主觀缺陷，然而經濟學有雲，「小的是美好的」，中小企業也有一些自己的優點。

其一，對市場變化的適應性強，機制靈活，能發揮「小而專」和「小而活」的優勢。

中小企業由於自身規模小，人、財、物等資源相對有限，既無力經營多種產品來分散風險，又無法在某一產品的大規模生產上與大企業競爭，因而，它們往往將有限的人力、財力和物力投向那些被大企業所忽略的細分市場，專注於某一產品的經營上來，不斷改進產品質量，提高生產效率，以求在市場競爭中站穩腳跟，進而獲得更大的發展。從世界各國類似的成功經驗來看，通過選擇能使企業發揮自身優勢的細分市場來進行專業化經營，走以專補缺、以小補大、以精致勝的成長之路，是眾多中小企業在激烈競爭中獲得生存與發展的最有效途徑。此外，隨著社會生產的專業化、協作化發展，越來越多的企業擺脫了「大而全」的組織形式。中小企業通過專業化生產同大型企業建立起密切的協作關係，不僅在客觀上有力地支持和促進了大企業發展，同時也為自身的生存與發展提供了可靠的保障。

大企業由於生產規模大，採用多層次集中控制的方法對生產實施管理，有利於調動大宗資源，對量少、分散的資源不易有效利用，因其運輸或管理成本過高。中國幅員遼闊、資源多樣、發展不平衡，適合中小企業開發、利用的資源和機會很多。即使在大都市中，貼近居民生活、為都市消費與工商業服務的許多經濟項目，都具有濃重的碎片化、地方化、社區化特色。大企業很難在這些領域發揮作用，這正是廣大中小企業的用武之地。

其二，經營範圍廣，行業齊全，點多面廣；成本較高，賺錢難。

一般來講，生產大批量、單一化的產品才能充分發揮巨額投資的裝備和技術優勢，但大批量的單一品種只能滿足社會生產和人們日常生活中一些主要方面的需求，當出現某些少數的個性化需求時，大企業往往難以滿足。因此，面對當今時代人們越來越突出個性的消費需求，消費品生產已從大批量、單一化轉向小批量、多樣化。雖然從個體來看，中小企業存在經營品種單一、生產能力較低的缺點，但從整體上看，由於中小企業量大、點多、行業和地域分佈面廣，它們又具有貼近市場、靠近顧客和機制靈活、反應迅速的經營優勢，因此，利於滿足多種多樣、千變萬化的消費需求。在零售商業領域，居民日常零星的、多種多樣的消費需求都可以通過無數中小企業靈活的服務方式得到滿足。隨著社會經濟的發展和人們生活水準的提高，人們越來越追求適合自己個性的生活。在強調體驗經濟、個性化需求的今天，中小企業以其機制靈活、貼近市場、規模較小、沉沒成本和退出成本

低等特點，可以直接為顧客提供個性化的服務，滿足客戶定制需求，提高消費者的生活質量。

其三，中小企業是成長最快的科技創新力量。

現代科技在工業技術裝備和產品發展方向上有兩個趨勢，一方面是向著大型化、集中化的方向發展，另一方面又向著小型化、分散化方向發展。產品的小型化、分散化生產為中小企業的發展提供了有利條件。在新技術革命條件下，許多中小企業的創始人往往是大企業和研究所的科技人員，或者大學教授，他們經常集管理者、所有者和發明者於一身，對新的技術和發明創造可以立即付諸實踐。正因為如此，20世紀70年代以來，新技術型的中小企業像雨後春筍般出現，它們在微型電腦、信息系統、半導體部件、電子印刷和新材料等領域做出了成績，有許多中小企業僅在短短幾年或十幾年裡，迅速成長為聞名於世的大公司，如惠普、微軟、雅虎、索尼和施樂等。

其四，抵禦經營風險的能力差，資金薄弱，籌資能力差。

在中國經濟中，有個數據與世界其他國家相比很不樂觀——中國是商業銀行提供流動資金比例最高的國家之一。從財務角度來看，流動資金是有風險的，比如產品是否能夠銷售出去。但是在中國，由於先天資本匱乏，所以很多中小企業在摸爬滾打的奮鬥過程之中形成這樣一個概念，就是流動資金基本依靠銀行。中國流動資金占GDP的70%以上，有些國家只有中國的一半左右，還有的只有中國的1/3。流動資金貸款這麼多主要有兩方面原因：一是原材料庫存和中間材料

庫存很大；二是企業自有資金如公積金、保留利潤等被大量用於擴大再生產、基本建設等投資，造成流動資金只能在很大程度上依賴銀行。但是據不完全統計，中小企業貸款申請遭拒率達 56%。中小企業融資難、貸款難，已經是老生常談的問題，而且改善不明顯。

事實上，廣大的中小企業，只能積極調整自己，適應中國的營商環境。不能分散力量，要集中力量，從易事、細事做起，像老子說的那樣——有所為，有所不為；像王石說的那樣——做減法；像柳傳志說的那樣——別急轉彎而是拐大彎。

首先，有所為，有所不為。中小企業資源不如大企業，只有集中力量於一點，從事專業化、專門化生產，在某一點上，就有可能形成相對優勢，這就是有所為。如果中小企業不顧自己的條件，看到市場上什麼賺錢就做什麼，盲目地搞多元化經營，極有可能陷入不能自拔的泥潭。這就是有所不為。

其次，不要多為。中小企業在信息的獲取上，不如大企業便利快捷，這時中小企業寧願靜心地去觀察等待，也不要在情況不明時盲目地行動，否則會做許多無用功，浪費自己寶貴的資源，最後效果卻適得其反。

最後，不要妄為。中小企業當慎思自己的言行決策，無論是管理規章制度，還是貫徹企業文化，都必須講究少而精，做到精煉、準確、有效。切忌犯了「大企業病」，否則會失去自己「小」的優勢。

事實上，中小企業要做好自己的業務，組建自己的品牌，成敗得

失的關鍵,往往在創辦人的身上,創辦人的思想覺悟提高了,才能落實到實踐中,企業才會改觀。

因為沒什麼錢,因為沒什麼資源,所以中小企業更加需要反躬自省,更加需要精神資源,尤其是企業文化的打造與鞏固。

各位看到這裡先別笑,這可不是精神勝利法。無論是從0到1,還是從1到100,一家公司真正可以依靠的,就是自己內部的力量。

縱觀世界著名的企業,他們有一個共同的特點:有著優良與領先的企業文化。企業文化在企業的發展中起著至關重要的作用。從小的方面來說,它無形地影響著企業員工的行為習慣、工作態度、處事方法等,從大的方面來看,它影響著企業的定位、重要事務的決策、未來的發展規劃等。就像我們前言哪裡說的,大公司適用的制度與方法,不一定能夠在中小企業之中行得通。但是,大公司推崇的價值觀等軟性因素組成的企業文化,恰恰是中小企業最需要的。

國際著名智庫蘭德公司的專家們花了20年的時間,跟蹤了500家世界大公司,最後發現,其中百年不衰的企業的一個共同特點是:它們不再以追求利潤為唯一的目標,還有超越利潤的社會目標。

具體地說,它們遵循以下三條原則:

第一,人的價值高於物的價值。卓越的企業總是把人的價值放在首位,物是第二位的。在中國的傳統文化之中,儒家「仁」的思想與之有著異曲同工之處,仁者愛人,仁者無敵。在這點上,中外的智慧可謂相通對等。

第二，共同價值高於個人價值。共同的協作強於獨自單干，集體高於個人。卓越的企業所倡導的團體精神、團隊文化，其本意就是倡導共同價值高於個人價值。1998年諾貝爾經濟學獎得主、劍橋大學印裔經濟學家阿馬蒂亞·森說：一個基於個人利益增進而缺乏合作價值觀的社會，在文化意義上是沒有吸引力的，這樣的社會在經濟上也是缺乏效率的。以各種形式出現的狹隘的個人利益的增多，不會對我們的福利增加產生好處。他的話實際上論證了個人價值和共同價值之間的關係，共同價值是個人價值得以實現的保證。同時也不能忽視個人價值，企業的基礎是個人，沒有個人能力的發揮，不瞭解個人是怎樣發揮作用的，企業就不能成為一個有機的生命體，也就不可能形成企業活力。因此，必須把個人的職業計劃和企業成長有機地結合起來。

第三，社會價值高於利潤價值，用戶價值高於生產價值。卓越的公司總是把顧客滿意原則作為企業價值觀不可或缺的內容。

在中國，有家中小企業的代表就完美地實踐並驗證了上述三條原則。

愛吃火鍋的朋友幾乎沒人不知道海底撈，它人性化、個性化的服務讓顧客贊不絕口。海底撈經過20多年的發展，如今已擁有一百多家直營店、四個大型現代化物流配送基地和一個底料生產基地，其中由創始人控股的火鍋原料部分還成功地在香港上市。它之所以發展得如此之快，成為當前中國餐飲行業的標杆，與其服務至上的企業文化

密切相關。

談及海底撈的服務，很多顧客、網友調侃它是「另類的」「變態的」，因為它的服務確實與眾不同。比如顧客吃飯忘記帶錢了，服務員不但會微笑著說，「沒關係，下次補」，還會自掏腰包給顧客打車；顧客吃完飯趕火車，卻打不到出租車，店長會開自己的車送顧客去火車站；顧客不小心把絲襪刮破了，情況很尷尬，服務員會送來新的絲襪，而且不只一雙；下雨天從海底撈門前經過，門口的服務員撐傘將這個過客送至小區；顧客被蚊蟲叮咬，服務員會專門去藥店自掏腰包給顧客買止癢藥；顧客帶著幾個月大的嬰兒去吃飯，服務員會搬來嬰兒床……這些貼心、細緻的服務，讓海底撈的知名度和美譽度不斷提升，顧客源源不斷地來。

為了提升服務品質和顧客滿意度，海底撈鼓勵員工進行服務創新，企業內部還會定期開會討論，總結近期的服務品質和顧客滿意度情況，找到不足，不斷改進提升，並將好的服務方式在全公司推廣，而且這種服務方式會以提出該建議的員工的名字來命名，這無疑給予了員工極大的鼓勵。

除了有口皆碑的服務之外，大家還發現了一些「另類」的情況：海底撈的普通服務員，有權給任何一桌客人送菜、免單，只要服務員認為有必要，就可以免費送一些菜，或者免掉整餐的費用。而這種權力在其他餐館，通常只有經理才擁有。這其實源於海底撈的另一項企業文化——授權。這種授權能使員工擁有較大的自主權，在實際服務

中有較高的靈活性，及時處理各類問題，提升顧客體驗，同時讓員工有參與管理的主人翁意識，提高其積極性和自主性。

當然，有人會說海底撈確實是企業文化的成功的代表，但是這也是極少數的例子。這樣的想法就稍顯狹隘了，國際上有更多的類似例子，足以證明企業文化的妙處。

產品是企業文化的結晶，優秀的企業文化打造優良的產品。獨特的企業文化則給企業增添獨特魅力和勃勃生機，促進企業又好又快地發展。這方面，谷歌的做法一直被業界傳頌，幾乎可以成為「別人家的公司」的典範。

創辦谷歌時，兩位創始人還是沒有走出校門的研究生，谷歌起步之初還是一個很小的公司的時候，比起大多數公司來說，它少了一些商業考量，多了一點不一樣的個性。谷歌「不作惡」的價值觀，「整合全球信息」的使命感，讓它能夠吸引全球最優秀的人才，並在戰略和視野上有了天然的、競爭對手無法企及的高度。谷歌進軍操作系統、瀏覽器、手機，看似與主營業務完全不搭，但「整合全球信息」提供了出發點和發展動力——使命是可以通過搜索技術來實現的，但實現這一使命不能僅僅依靠搜索技術。

谷歌努力構建盡可能多的表達渠道，讓不同的人以不同的方式表達不同的想法。這些渠道包括：發郵件，每個員工都可以直接給公司領導發郵件，反應問題，提出建議；谷歌餐吧，即谷歌內部的小廚房，在這裡團隊內部員工或不同團隊間的員工可以進行互動和交流；

例會,每週開一次全體員工例會,在會上員工可直接向公司高管提問;利用社交媒體「Google+」進行交流;利用谷歌全局缺陷跟蹤管理系統,對用戶反饋的問題和缺陷報告進行記錄、審核、分析等;定期對員工進行調查,搜集他們對數百個問題的反饋意見,然後集中精力解決最大的問題;開內部創新評審會議,會上各部門管理者向高層介紹自己部門的產品創意,等等。

谷歌深刻地瞭解了員工內心真實的想法,並將這種行為內化為企業文化,幫助包括員工在內的更多人尋找工作的意義。谷歌還致力於幫助人們瞭解身邊的環境,著重去構建一個符合期待的環境。這種「期待並且實現」的環境,給谷歌的文化提供了靈感和動力,谷歌因此培育起一支富有創造力並充滿激情的員工隊伍,恰又是這群人促進了公司的持續創新。環境和人才,在相輔相成的關係中互相提攜、互相孕育著壯大了。

除了谷歌這種已經成長為「巨獸」的公司,現實中的商業實踐之中,很多中小公司也有自己的企業文化價值所在。我們可以通過國際上一些有特色的、具備創新和個性化的中小企業的企業文化實施方案,來更多地瞭解企業文化的多元性和創新性。

美國一家互聯網公司規定,每週三上午不能說話,如果有問題需要溝通,只能通過電子郵件或者即時通信軟件完成。

美國知名數字行銷創業公司 HubSpot 擁有幾百名員工,每個季度這些員工都會調換座位,而且是隨機分配的。

舊金山的一家公司倡導大家分享一切，比如給每個員工配備一塊腕表，它可以自動記錄雇員的睡眠、日常運動量、飲食營養等，並將這些信息分享給公司的其他同事。

以色列的一家公司有一項有意思的規定，每個新員工上班的第一天都要為下一個入職的員工準備一件小禮物，而且這件禮物要有趣、有個性、別出心裁。

加利福尼亞有家公司要求度假的職員繳納「度假稅」——度假結束後要給同事們帶各種具有異國風情的食品。

Maptia公司的創始人是狂熱的衝浪愛好者，他們在摩洛哥衝浪之鄉找到了一所便宜的公寓，於是決定在那裡工作，加之那裡的生活成本很低，為公司節省了成本。

Fresh Tilled Soil公司會給員工提供「工作站」，就是將員工派到各種有異域風情的、不同尋常的地方遠程工作，而且機票及食宿費用都由公司承擔。在那裡，除了工作之外，員工可以做任何自己感興趣的事情且不算休假。

OZ公司希望員工們邀請自己的父母來為他們準備午餐，認為這樣能提高團隊的工作效率，提升公司文化。

Expertcity公司規定，如果公司簽下一個新單或是有公告發布，就敲響鈴鐺，但是如果有人無緣無故敲響鈴鐺，就要請全公司的人吃早餐。

這些規定不一定是創新性企業文化的全部，但是卻可以成為理解企業文化如何創立、如何傳承和發展的視角。

羅振宇作為創始人的羅輯思維公司，被認為是中國最領先的知識經濟新媒體組織，他們也採取了很多與傳統管理觀念不一樣的管理方式。例如，他們公司從來不開員工大會，杜絕洗腦。他還告訴職員，你們都是公司的投資人，所不同的是，股東是投入資金，你們是投入青春，因此，要做對得起自己青春的事情。而且，每一個新員工都會聽到老員工這樣的介紹：你來我們公司，就是為了下一份工作做鋪墊，你在這裡做的一切，不是為了公司，而是為了讓你的下一任老板看到。

中小企業的文化，確實與大企業不一樣。但是這種區別，更多是在個性化的表現方式方面，而不是價值觀的根本不同。中小企業，一方面遵循商業世界的規則，另一方面根據自身的特點來營造自己的企業文化，這或許是最有操作性的思路。

國務院首次發文促進中小企業發展

為應對國際金融危機，幫助中小企業克服困難，轉變發展方式，實現又好又快發展，2009年9月19日，國務院以國發〔2009〕36號印發《關於進一步促進中小企業發展的若干意見》，即國發36號文件。

36號文件提出了營造有利於中小企業發展的良好環境，切實緩解中小企業融資困難，加大對中小企業財稅扶持力度等8大方面29條具體意見。

為貫徹落實文件，做好促進中小企業發展工作，在文件出抬不久，工業和信息化部部長李毅接受了專訪。

（一）國務院為什麼要出抬36號文件？這個文件與過去的政策措施相比，有哪些新的內容？

答：去年以來，國際金融危機給中國實體經濟帶來較大衝擊，對外向度較高和勞動密集型中小企業的影響尤其嚴重。黨中央、國務院

及時實施了「保增長、擴內需、調結構、惠民生」一攬子計劃，國內經濟平穩回升已經明確，中小企業生產經營也出現了積極變化。但當前經濟回升向好的勢頭還不穩固，中小企業發展形勢依然嚴峻。為此，國務院對進一步促進中小企業發展工作進行了部署，印發了這個文件。這些政策是「一攬子計劃」的重要組成部分，是針對中小企業的綜合性措施。文件充分體現了黨中央、國務院對中小企業的關心和重視，文件的出抬有利於提振中小企業戰勝困難的信心，幫助中小企業盡快走出困境。文件將解決中小企業的現實困難與保持平穩較快發展、推進結構調整結合起來，引導中小企業轉變發展方式，全面提高企業整體素質和市場競爭力。

在2003年施行《中小企業促進法》、2005年出抬鼓勵支持和引導個體私營等非公有制經濟發展若干意見（非公經濟36條）的基礎上，36號文件提出了進一步扶持中小企業發展的政策措施。主要包括：完善中小企業政策法律體系，切實緩解中小企業融資難的問題，加大對中小企業的財稅扶持，加快中小企業技術進步和結構調整，支持中小企業開拓國內國際市場，加強和改善對中小企業的服務，引導中小企業加強管理，加強中小企業工作的組織領導八個方面，共29條政策意見。這些政策，都是針對當前中小企業面臨的突出矛盾和問題制定的，其中首次提出或著重強調的政策點有：對困難中小企業的階段性緩繳社會保險費或降低費率政策執行期延長至2010年年底，為解決中小企業融資難，金融機構採取的一些體制、機制改革措施，

對年應納稅所得額3萬元以下的小型微利企業2010年減半徵收所得稅，在中央預算內技術改造專項投資中和地方政府安排的專項資金中，支持中小企業技術改造，加快設立國家中小企業發展基金，引導社會資金支持中小企業發展，制定政府採購扶持中小企業發展的具體辦法等。

（二）目前，貸款仍然是多數中小企業融資的首要選擇。但實際上，尤其是小企業要拿到銀行貸款非常困難。請問，國家通過哪些政策措施，促使銀行更多地向中小企業發放貸款？

答：為緩解中小企業貸款難的問題，銀行和銀監會做了大量工作，36號文件提出了一系列政策措施。在體制上要求國有商業銀行和股份制銀行建立小企業金融服務專營機構，加強和改善對中小企業的金融服務；加快以中小企業為放貸主體的貸款公司、村鎮銀行、資金互助社等新型中小金融機構的發展，支持民間資本參與發起設立股份制金融機構，完善多層次中小企業金融服務體系。在鼓勵金融機構擴大對中小企業貸款上，鼓勵建立小企業貸款風險補償基金，對金融機構發放小企業貸款按增量給予適度補助，對小企業不良貸款損失給予適度風險補償；完善財產抵押制度和貸款抵押物認定辦法，通過動產、應收帳款、股權等方式，緩解中小企業抵質押品不足的問題；對商業銀行實行差別化的監管政策。在完善中小企業信用擔保體系方面，加大財政支持力度，提高擔保機構的擔保能力，落實好對符合條件的擔保機構免徵營業稅、準備金提取和代償損失稅前扣除政策。

（三）融資渠道少是造成中小企業融資難的一個重要原因。在拓寬中小企業融資渠道方面，國家還有哪些考慮？

答：近年來，有關方面著力解決中小企業直接融資渠道不暢問題，綜合採取多項措施，努力探索中小企業多元化融資渠道。一是積極發展中小企業上市融資。在擴大中小企業板規模的基礎上，加快推出了創業板。二是支持金融機構開展中小企業貸款證券化試點，為中小企業構建多元化的直接融資渠道。三是規範和促進產權交易市場發展。選擇北京、上海、廣州等地開展區域性中小企業產權交易市場試點，引導其為中小企業產權、物權、股權、債權等交易提供服務。四是積極推進中小企業集合發債。北京、深圳、大連等地已成功發行中小企業集合債券，發行總額 18.2 億元。五是建立完善創業投資機制。通過稅收優惠、財政支持、創業投資、引導基金等措施，鼓勵引導各類創業投資機構加大對中小企業投資力度。

（四）請您介紹一下 36 號文件扶持中小企業的財稅政策？

答：財政政策方面，中央財政設立了中小企業發展專項資金，主要用於科技型中小企業技術創新、中小企業發展專項、中小企業國際市場開拓以及中小企業服務體系專項補助等。截至 2008 年年底，中央財政已累計下達支持中小企業發展的專項資金 208.5 億元。在 2008 年 39 億元的基礎上，2009 年增加到 96 億元，今後還要逐漸增加。為減輕企業負擔，國務院有關部門於 2008 年在全國範圍內取消和停止徵收農業化學物質產品行政保護費等 100 項行政事業性收費，

每年可減輕企業和社會負擔約190億元。在稅收政策方面，去年初實施的新的企業所得稅法，將企業法定稅率由33%降為25%，對符合條件的小型微利企業按20%的低檔稅率徵收，對國家需要重點扶持的高新技術企業減按15%稅率徵收。從今年起，國家在全國範圍內推行增值稅轉型改革，允許企業抵扣新購入設備所含的進項稅額；將小規模納稅人增值稅徵收率由6%和4%統一下調至3%；從去年8月起，7次提高出口退稅率。

在此基礎上，36號文件又提出，加快設立國家中小企業發展基金；2010年對年應納稅所得額低於3萬元的小型微利企業減半徵收所得稅；中小企業繳納城鎮土地使用稅確有困難的，可按規定提出減免稅申請；不能按期納稅的中小企業，還可以依法申請延期繳納。文件還要求，地方財政也要加大對中小企業的支持力度。

（五）結構不合理，產能過剩是造成當前中小企業生產經營困難的重要因素。在中小企業加快技術進步和結構調整這方面，36號文件有哪些政策措施？

答：為促進中小企業加快技術進步和結構調整，轉變經濟增長方式，36號文件提出了六條措施：一是支持中小企業加大研發投入，研製適銷對路的新產品。加強產、學、研聯合和資源整合，引導和支持中小企業創建自主品牌。二是在中央預算內的技術改造專項投資中，要安排中小企業技術改造資金，今年安排了30億元。三是促進重點節能減排技術和高效節能環保產品、設備的推廣和普及，依法淘

汰中小企業中的落後技術、工藝、產品和設備。四是鼓勵中小企業與大型企業開展多種形式的經濟技術合作,建立穩定的供應、生產、銷售等協作關係。五是改善產業集聚條件,支持培育一批重點示範產業集群,提升專業化協作水準。六是支持中小企業在科技研發、工業設計、技術諮詢、信息服務等生產性服務業和軟件開發、網絡動漫、廣告創意等新興領域發展。

為支持中小企業技術改造和技術進步,36號文件中重申和新出抬了不少扶持政策。稅收政策方面,中小企業固定資產由於技術進步原因可按規定加速折舊;中小企業研究開發費用,可以在計算應納稅所得額時加計扣除;中小企業投資建設屬於國家鼓勵發展的內外資項目,其進口自用設備以及相關技術、配套件和備件,可按規定免徵關稅和進口環節增值稅。財政支出方面,國家安排了專項資金,支持中小企業通過技術改造提高產品質量和節能減排水準;支持建設中小企業公共技術服務平臺;支持公共技術研發服務機構等提供對中小企業的技術服務。

(六)在引導中小企業提高市場競爭能力、積極開拓國內外市場方面,國家採取了哪些措施?下一步有何打算?

答:為營造良好的中小企業國際經貿合作環境,加強了與有關國家和國際組織在中小企業領域的合作與交流,建立了政府間中小企業定期政策磋商機制,簽署了相關合作協議。在此基礎上出抬了一些具體政策幫助中小企業開拓國際市場。主要政策有,一是設立中小企業

國際市場開拓資金，支持中小企業境外辦展、國際認證、宣傳推介等。對於面向出口型企業的公共服務平臺、共性技術研發，中央財政也給予一定的資金支持。二是為中小企業搭建「合作、交流、展示、交易」平臺。今年9月，廣東省人民政府與我部等七部一省舉辦的第六屆中國國際中小企業博覽會暨中國西班牙中小企業博覽會取得了豐碩的成果。博覽會期間，促成合作項目961個，合作金額1,239.8億元。共有25.5萬人次參展參會。三是支持中小企業穩定國內外市場。例如，多次提高出口退稅率，幫助相關產品中小企業提高市場競爭力；利用中小企業發展專項資金，支持中小企業加強與大企業的協作配套，建立穩定的供銷渠道；支持外向型中小企業進行適應性改造，適度轉向國內市場。四是通過實物交付的對外援助以及物資贈送等，帶動相關國產優質產品走出去。

下一步工作，一是支持引導中小企業積極開拓國內市場。支持銷售渠道穩定、市場佔有率較高的企業加快發展。鼓勵符合條件的中小企業參與家電、農機、汽車摩托車下鄉和家電、汽車的以舊換新等活動。二是穩定中小企業國際市場份額。充分發揮中小企業國際市場開拓資金與出口信用保險的作用，支持中小企業穩定外需市場。三是加大政府採購支持中小企業的力度。研究制定政府採購扶持中小企業發展的具體辦法，提高採購中小企業貨物、工程和服務的比例。

（七）當前中小企業生產經營困難，一些企業停產減產，企業裁員減員現象增多。請問，36號文件提出了哪些具體政策支持中小企

業特別是困難中小企業穩定就業崗位？

答：去年以來，國家為應對金融危機給中小企業造成的困難，已經出抬了一些穩定就業崗位的政策措施。例如，去年2月，國務院印發的《關於做好促進就業工作的通知》規定，對於吸納困難人員就業、簽訂勞動合同並繳納社會保險費的中小企業，在相應期限內給予基本養老保險補貼、基本醫療補貼、失業保險補貼。去年底，人力資源社會保障部、財政部、稅務總局下發《關於採取積極措施減輕企業負擔穩定就業局勢有關問題的通知》，規定對受金融危機保障影響較大的困難中小企業，可按國家有關政策，階段性緩繳社會保險費或降低社會保險費費率，並按規定給予一定期限的社會保險補貼或崗位補貼、在崗培訓補貼等。

考慮到金融危機對實體經濟的影響在短期內難以根本消除，36號文件將困難中小企業階段性緩繳社會保險費或降低費率的政策執行期，由原定的2009年年底延長至2010年年底。36號文件還規定，中小企業可與職工就工資、工時、勞動定額進行協商，可向當地人力資源社會部門申請實行綜合計算工時和不定時工作制。

（八）國家將從哪些方面進一步提高對中小企業的服務水準，具體措施有哪些？

答：近年來，各級政府推動服務體系建設，提高對中小企業的服務水準，取得了積極成效。有29個省（區、市）設立了省級中小企業服務機構，近一半的省市建立了省、市、縣三級中小企業服務隊

伍；服務已涵蓋技術、市場、資金、管理、信息等方面。但總的看，中國中小企業服務體系建設還是比較滯後，中小企業使用外部服務比例仍較低。為此，將從四個方面入手，加強和改善對中小企業的服務。一是加強統籌規劃。制定《中小企業服務體系建設專項規劃》，加強規劃指導和措施保障。二是培育綜合服務機構。發揮其區域政策諮詢、服務導航等窗口服務功能，帶動社會服務資源為中小企業服務。三是完善服務網絡和服務設施。繼續推動建設一批中小企業公共服務平臺和中小企業創業基地，完善中小企業信息服務網絡。四是完善政策扶持機制。通過資格認定、業務委託和財政補助等方式，支持和引導服務機構加強和改善對中小企業的服務。

（九）企業管理水準是影響中小企業健康發展的重要因素。為此，36號文件提出，要引導中小企業不斷提高經營管理水準，請問，國家將採取哪些措施？

答：企業管理水準很大程度上決定了一個企業的市場競爭力。引導和支持中小企業加強管理是我們促進中小企業發展的一項重要工作，也是應對金融危機的重要措施。這方面，36號文件提出了3條政策意見。一是支持專業管理諮詢機構開展中小企業管理諮詢活動，引導中小企業借用「外腦」提高經營管理水準。二是大力開展對中小企業各類人員的培訓，提出了在3年內對100萬家成長型中小企業的經營管理者實施全面培訓的工作目標。三是實施中小企業信息化推進工程，推進重點區域、重點行業的中小企業信息化試點，引導中小

企業利用信息技術提高研發、管理、製造和服務水準。

（十）工業和信息化部如何做好36號文件中相關政策措施的貫徹落實？

答：工業和信息化部負責牽頭支持中小企業發展的工作，深感責任重大。36號文件關鍵是要宣傳好、貫徹好、落實好。一是要做好36號文件的宣傳講解。充分利用報紙、電視、網站等新聞媒體，宣傳和介紹36號文件主要內容，擴大文件的政策影響力，幫助中小企業和有關方面全面瞭解文件內容。二是在國務院促進中小企業發展工作領導小組的組織指導下，協調配合有關部門落實36號文件的工作分工。36號文件明確了近期16項主要工作的分工。其中，我部主要牽頭的有8項，參與牽頭的有4項，配合其他部門的有4項。以上工作，由我部牽頭的，我們將與有關部門加強溝通，抓好工作落實；我部參與的工作，我們也要積極配合牽頭部門，主動做好配合工作。三是希望地方政府結合本地實際，制定貫徹落實36號文件的具體辦法，工業和信息化部及時總結交流各地區好的做法和經驗。也希望廣大中小企業在外部環境改善的同時，更要加強管理，苦練內功，依靠廣大員工共同努力，克服困難，自強不息，不斷增強生存能力和市場競爭力。

第三章
中小企業文化建設大有可為

企業文化越符合民族的文化，這樣的企業文化才能扎根越久，越能生存。

——管理大師彼得・杜拉克

截至2016年年底，有關中國中小企業的數量，有幾種說法，多的說是七八千萬家，少的也說有兩三千萬家。而我們根據實際調查，認為這個數量超過5,000萬家。而自2015年以來，在「大眾創業，萬眾創新」的強力號召鼓舞下，每天新增的企業數量將近1萬家。但是光有數量是遠遠不夠的。在這些前赴後繼的創業者之中，以企業文化這個維度來考量他們的質量，還是能夠發現其中存在的很多問題。

就像我們在前文提及的那樣，不完全的統計數據顯示，如今中國的中小型民營企業中有70%還沒有真正形成市場觀念和顧客觀念，沒有認清企業文化的本質。也許他們會積極照搬一些時髦的口號和理念，但是這些口號和理念與自身企業並不一定契合。它們沒有對自身進行調查和研究，不從企業自身的氛圍、風氣和文化入手，卻勉強地照搬別人的口號和觀點，在固有文化和外來文化之間既沒有紐帶也沒有緩衝地帶，導致在文化交流融合的過程中兩敗俱傷。

以溫州為例，這是中國中小型民營企業的聚集地。在那裡有60%的企業領導沒有充分認識到企業文化的必要性。就算有些企業有專門的機構，也因為企業經營者不介入、不重視而導致部門形同虛

設。像這樣,企業沒有把企業文化戰略編入企業發展規劃的整體戰略中的事情司空見慣。這必然導致企業經營理念對企業使命、宗旨和目標等內容的規定力度遠遠不夠。

說回本書結合現實的定義,筆者理解的管理,就是界定企業的使命,並且激勵和組織人力資源去實現這個使命。界定使命是企業家的責任,激勵與組織人力資源是領導力的範疇,二者的結合就是管理。規劃企業文化並進行建設,是我們這一代企業家的使命與挑戰。

受市場經濟的進一步完善和發展、信息普及率提高、新興技術和新興行業興起、全球化等一系列因素的影響,大部分中小企業開始與時俱進,公司機制逐步轉換,如部分國有中小型民營企業已經成功地轉變為產權明晰、責任明確、管理科學的現代企業,成為自負盈虧、自我約束、自我發展的獨立經營個體,但是,相當部分中小型民營企業相應的文化建設沒有跟上來。為當前不被殘酷的市場淘汰,它們只能更多地考慮企業當時所處的位置和現狀,忙於追求自己的短期利益,而無暇顧及長遠利益。而且,很多中小企業領導認為文化戰略是大企業、大集團的事,中小企業沒有必要進行文化戰略方面的考慮。缺乏企業文化建設的戰略思考和決策是他們的通病。尤其在經濟相對不發達的省份和地區,中小企業從機制到風氣甚至產品都相對落後,而企業的管理者因為顧及諸多方面的利益關係,沒有辦法對文化進行梳理和提升。於是落後的文化、氛圍和理念導致企業無法變得先進,而不夠先進的企業只會滋生更多落後的文化氛圍和理念。兩種負面因

素互相影響、互相作用導致企業艱難前行，甚至一部分前幾年尚且健康風光的企業，最近幾年日子變得很難過，有些甚至銷聲匿跡。

從改革開放到現在，放眼各行各業，能夠做出一些成績的公司，大都是企業文化能夠跟上的公司。而企業文化能夠伴隨甚至引領著企業發展的企業，如今大多早已發展壯大，成為行業的佼佼者。這可不是大風吹來的成果，而是因為這些企業做了足夠多的工作——在經營過程中不斷累積、打造、融入、提煉適合企業發展的文化，使得企業不僅成為產品的製造者、服務的提供者，也成為社會精神文明的倡導者和社會價值的締造者。對於中小企業來說，企業文化建設關係到企業的長遠發展，因此企業文化建設需要企業在觀念上真正的認同企業文化，在行動中，需要融入日常行為的執行，而不是僅在口頭上、表面上重視。

按照理想的狀態，企業文化建設將通過企業文化的導向和滲透作用，以體現企業價值觀的行為準則和規範，引導員工的行為朝著有利於實現企業目標的方向發展，為企業參與市場競爭提供動力源，最終提高企業的經濟效益，增強企業的實力。企業的文化建設與企業的發展目標和經濟利益是緊密聯繫在一起的，優秀企業文化的形成與企業的發展壯大和經濟效益的提高是相互作用的。企業的發展壯大能促使員工產生自豪感和向心力，良好的企業文化會讓員工自覺遵守企業的各項規章制度，維護企業形象，積極參與企業文化的建設。

但是，在我們收集到的數百個不同區域、不同行業、不同階段的

企業文化建設案例中，雖然有的算是做得比較好的，但不得不面對的現實是，大多數的例子是徒有其表、問題多多。企業文化建設出現的各種實際問題，集中表現在以下幾個方面。

其一，思想觀念蕪雜。企業員工隊伍來源廣泛，員工學歷、文化背景、工作經驗差異較大，沒有形成統一的價值理念和行為指南，導致員工行為不統一，導致員工想法與企業發展有矛盾，以致在企業文化的形成過程中，員工與企業發生摩擦。即使發動員工參與企業文化建設，也存在各取所需、不顧全局的風險。只有很好地識別、引導，去偽存真、去粗取精，企業文化才可以真正體現企業的願景和目標，有效形成合力。

其二，整體動員能力不足。企業文化建設之初，就要設法避免建設不平衡、投入不真誠的情況。個體差異永遠是客觀存在的，因此在企業文化建設過程中，很可能存在個別部門或者個人重視不夠，對企業文化建設的認知不全面、不深刻，進而在工作中緊迫感和主動性不強，缺乏總體規劃和部署等情況，有的員工甚至認為企業文化建設是公司管理者和部分職能部門的事情。因此務必要讓員工真正深刻理解和全面接受，企業文化關係到他自己的生活環境、工作目標、職業生涯，從而讓其把個人的工作生活及個人發展都能夠與企業文化結合起來，從而避免企業文化建設失衡，做到真正的全員參與與整體互動。

其三，個別員工對企業文化建設的本質屬性缺乏深刻理解，短期內無法轉變觀念、端正思想，不能夠把企業文化建設與提升企業管理

水準和競爭力、提高自身能力素質聯繫起來。如何讓員工真正投入精力和心血，讓他們成為建設企業文化的積極力量，同時也是文化的受益者？這是企業文化建設的領導者需要考量和解決的問題。

企業文化建設是一個長期的過程，讓員工參與建設企業文化也是一個潛移默化的過程。這個過程可能比較繁瑣和緩慢，企業要堅持推進，這樣才能使企業文化建設得到發展和進步。

認識不到位，體系不具備

這兩年，儒學最後一位大宗師王陽明走紅，不少人提到他的心學，就想當然地把他經常提到的「知行合一」理解為「理論與實踐相結合」。然而，如果仔細讀過《傳習錄》，就會發現，它們兩者並不是一回事。

王陽明所說的知行合一，是將知與行合到一處，知便是行，能行便是真知。這裡的「知」，是指知善、知惡的良知。良知人人都具有，人與其他動物的一個重要的區別就是人可以意識到並判斷自己的行為的好壞，能夠辨別善惡，並做出合理的選擇，而不是單純為自己的本能所驅使。只是良知有時被私欲所挾裹，或為利所誘，或為淫威所屈，或因畏難而退，對善惡也變得麻木，如同一面銅鏡蒙塵，不能照物。當良知不為私欲所蒙蔽的時候，在王陽明看來，這便是「行」了。例如，當你看到一個遇到困難的人，產生去幫助他的念頭，這便已經是「行」了；如果這個念頭只是一閃而過，你又沒有去幫助他，

便是良知又被遮蔽了。在王陽明看來，一旦善念產生，便已是「行」了，一旦惡念產生，便也是「行」了；而絕其惡念，同樣是「行」。很多道理人們自認為從小就知道，可是這些道理並沒有體現在他們的行為當中，這並不是真「知」。就像將百科全書儲存在電腦裡，電腦並不因此而「博學」一樣。

宋明理學並非禁欲主義，其中所說的「人欲」「私欲」往往指的是不正當的慾望，正當慾望也被看作「天理」，例如飲食是天理，暴飲暴食、鋪張浪費、公款吃喝就是「私欲」。

王陽明的知行合一，就是要使良知時刻關照著人的行為和心理，有所為，有所不為，使人不會失其本心，不會讓意志為外物左右，以免淪為外物的奴隸。

而今天的中小企業，尤其需要與時俱進的「知行合一」。

數據顯示，現今的中小型民營企業中有70%還沒有真正形成市場觀念和顧客觀念，沒有認清企業文化的本質。以溫州這個中國中小型民營企業的聚集地為例，有60%的企業領導沒有充分認識到企業文化的必要性。

鑒於中國市場經濟發展所處的特定階段及特定的社會經濟環境和氛圍，相比企業文化，很多中小企業的老板面臨的最嚴峻的問題還是生存問題。在生存問題沒有解決之前，他們對企業文化是不會重視和依賴的，甚至還有人對企業文化建設嗤之以鼻，認為「賺錢才是硬道理」。加上「小型企業做行銷，中型企業做管理，大型企業才做文

化」這種說法在相當範圍內得到認可。讓面臨生存壓力的企業和企業家關注企業文化建設，客觀上還是有一定難度的。

不少企業，在領導人還不知道企業文化為何物的時候，考慮的問題是如何讓員工願意和自己同舟共濟，如何讓員工提高工作效率，如何讓員工認同企業的發展目標並為之奮鬥。其實這都是企業文化要解決的問題，但大多數中小企業的創立者和管理者並不認為這是文化問題，相反會將之歸結為經營問題。

還有些企業對企業文化有偏見，急於將企業文化轉化為生產力，以至於採取急功近利的洗腦式培訓，又因為無法獲得立竿見影的效果而懷疑企業文化的價值，因此放棄建設企業文化，就沒有機會以細水長流的方式體會到文化的軟實力。企業文化之所以是軟實力，是因為它不會立刻讓你看到收益，它是潛在的能量，不具備攻城拔寨式的攻擊能力，卻可以加強員工的凝聚力與企業組織的緊密度。

出現這些情況的主要原因是企業創始人和管理者對企業文化的認識不足，即便知道一部分概念，具體如何去做也是一頭霧水。

有些企業從辦公樓到生產園區，從廠部到班組，到處都張貼或懸掛著諸如「開拓創新」「拼搏進取」之類的標語口號；還有很多企業設計了精致的廠徽、統一的廠服、嘹亮的廠歌、鮮豔的廠旗，把企業的外在形象展示得淋灘盡致。似乎這些就是建設企業文化的有效手段，而事實上，這恰好是很多中小型企業的領導者對企業文化理解的誤區。很多中小企業的領導者認為所謂的企業文化就是企業的外在表

現形象，所以就把更多的精力放在了企業標語口號的斟酌、企業標示的設計上。於是，將企業文化等同於形象設計，而沒有採取有力的措施把企業文化的核心——企業精神體現在企業的經營活動中，也沒有把企業精神滲透到企業員工的思維方式、工作、行為習慣中。

有些企業認為企業文化建設就是開展豐富多彩的文體活動，寄希望於通過舉辦幾場球類比賽，搞幾次文藝演出，放幾場電影，組織幾個職工俱樂部來達到塑造企業精神的目的。企業文化不等同於標語，不等同於口號，更不等同於企業文體活動。文體活動的開展在一定程度上可以增進員工之間的相互瞭解，增強員工對企業的歸屬感。但是這只是表層活動，企業文化需要更多精神層面的滲透。只有用企業精神塑造員工，企業文化建設才能得到持續協調發展的，企業文化才可能為企業的持續發展提供文化支持。

有相當一部分企業雖然重視企業文化的建設，但主要的精力並沒有用於培育自己企業的特色文化，而是模仿或者全盤照搬他人經驗，沒有通過選擇、淘汰、消化等方式對外來先進的文化進行有機融合，導致企業文化建設缺乏個性，最終可能導致畫虎不成反類犬的結果。

有一些企業為建設文化而建設文化，不注重經濟效益與文化建設的實際聯繫，最後形成了文化建設、經濟效益相分離的結果。不僅沒有實現企業文化服務於企業發展的目標，還出現勞民傷財、企業經濟效益下降的結果。

還有些中小企業把企業文化建設和傳統的政治思想工作混淆起

來，同時又由於中小型企業規模不大，機構設置較少，將思想政治工作和文化建設歸屬於同一部門管理。這種典型由於企業管理者對企業文化內涵理解不深刻而導致的錯誤處理方式，是不能挖掘、總結、梳理出真正的企業文化的，在執行上也變成灌輸和宣講。這種低級的「洗腦」對員工來說，變成一種無法接受的精神負擔，百害而無一利，不僅無法達到預期效果，還會讓員工反感。

更有些中小企業的管理者把企業文化等同於企業規章制度，把企業精神的培育，企業的文化氛圍的形成都「押寶」在企業規章制度的制定上，認為只要規章制度足夠完善，通過組織員工學習、瞭解並嚴格實施，企業的文化建設就可大功告成。事實上，企業規章制度是企業文化建設的制度保障，制定規章制度並合理實施是企業文化建設的一個重要方面，但規章制度的制定並不是企業文化建設的全部。很多老板自己都帶頭不執行的規章制度，使其形同虛設。

在中國，絕大部分中小企業沒有設立與企業文化建設相關的崗位，即便設立了相關的崗位，其在崗位的歸屬問題上也比較混亂，有的歸屬人力資源，有的歸屬行政，有的歸屬市場推廣，有的歸屬公關部。有些中小企業也有專門的機構，但因為企業經營者不介入、不重視而導致部門形同虛設。

這些認識不到位、體系不具備的情況必然導致企業經營理念對企業使命、宗旨和目標等內容的規範力度遠遠不夠。市場上企業的出現與消亡原本是正常的經濟現象，但是如果因為沒有企業文化而消亡，

對於企業來說未免太過遺憾。

目標被比作是輪船航行用的羅盤。羅盤是準確的,同樣有了目標的指引,企業才有前進方向。如果沒有羅盤,航船既找不到它的港口,也不可能估算到達港口所需要的時間。

事實上,不少中小企業已經開始自發地重視、推廣企業文化。據有關資料表明,當前中國企業口號中,「團結」的使用率高達41%,「創新」與「開拓」的使用率也超過了20%,「進取」的使用率達10%。當下的市場環境中,創新、個性、尊重、平等這類以往出現較少的詞語又成為企業文化的流行關鍵詞。面對這類現象,我們有邏輯地思考一下,就會發現其中的蹊蹺之處——如果占相當比例的企業都在用同一個詞語作口號,但是實際效果又和詞語的本意出入比較大,這要麼是這個詞語本身有問題,要麼是說明企業對這個詞語的理解有問題,又或者是這個詞與企業自身的對接和契合出現了問題。

市場在改變,形勢在改變,經濟環境在改變,企業中的中堅力量在改變,甚至企業的經營者、管理者的氣質、知識眼界及所受到的文化教育程度都在改變。在崇尚個性化、人性化,迴歸本真成為流行趨勢的社會和市場環境中,沒有個性化,沒有人性化,不知出處,沒有經歷過水土不服等問題考驗的文化如何落腳?又如何使企業文化在未來成為軟實力和潛在動力支持中小企業的發展?

從頭開始的工作

　　一項偉大的行動，常常有著可笑的開端——這是 1957 年的諾貝爾文學獎獲得者、法國作家阿爾貝・加繆的名言。這話也適用於逐步開始著手企業文化建設的中小企業。中小企業有各種先天或後天的缺陷並不可怕，可怕的是中小企業因此故步自封，不去嘗試，不去提高。

　　企業文化是一種無形的力量，如同精神。企業要有自己的企業文化，就像一個人要有自己的精氣神。企業文化的影響是潛移默化的。企業不能因為短期看不到利潤的產生就不重視企業文化，也不能因為無法馬上就看到效果，就認為所做的是無用功。要知道，許多優秀公司的企業文化就是在這些所謂的「無用功」的努力下，慢慢產生效果的。

　　大多數中小企業處於產品經營的起步階段，現實狀況是為生存而思考，都經歷過「秦瓊賣馬」「楊志賣刀」的窘迫局面。當今市場上

赫赫有名的大企業其實當年都是從小企業發展而來，在激烈的市場競爭中成功突圍，在產品、管理、制度都水準相當的前提下，促使他們從小到大，由微而強的原因，並不是先知先覺的超能力，而是企業文化。這在前面兩章都有論述，此處不再重複，但是需要提醒的是，企業文化建設對於很多中小企業而言，可以說是一項從零開始的工作。

企業文化的建設，不是用於宣傳和擺設，其根本目的是要促進企業的發展，因此要將企業文化建設與經營活動緊密相連。所以企業文化建設一定要立足於企業的長遠發展目標，一定要立足於企業的生產經營活動，為企業的生產經營活動服務，為企業的可持續發展提供文化保障。這點想明白了，中小企業的企業領導們才會有建設企業文化的動力與信心。

文化能夠反應一個企業的本質特點。企業的管理者應該認識到，一個企業區別於其他企業的特徵不只是在自己的產品上、企業的外在形象上，還在自己企業的文化特色上，其他外在形象的表現都是企業文化的表現。所以中小型企業在建設自己的企業文化時，應該結合企業的自身特點，建設具有一定特色、富有個性的企業文化。

王健林的「小目標賺他一個億」，在網絡上引發各種反饋。他的這個說法很符合萬達，也很符合他自己的氣質與現階段的定位。格力電器的董事長董明珠給格力的幾萬名員工每人每月加薪1,000元。別人說你這樣讓其他企業怎麼辦？董明珠的回應是，你也可以加薪啊！格力類似的做法還有，比如早就開始為員工解決居住問題。董明珠還

經常直接指責競爭對手的各種不對。她的這種表達方式，也是格力鮮明的企業文化特點的反應。說白了，如果企業文化不適合企業本身，就無法在這個企業生根、發芽、成長了。試想王健林與董明珠的對白互換一下，說出來的感覺，就很不對味了。

企業文化是一個動態的發展過程，中小型企業在制定自己的經營發展戰略時，要把企業精神作為文化建設的核心內容，還要包括文化的發展戰略，企業文化的總體的設計，讓企業文化的發展有一個持續的發展過程。企業應該根據實際情況的變化而進行不斷地創新，不斷為企業文化建設注入新鮮血液，這樣才能增強企業文化的活力，最大限度地發揮企業文化的推動作用。萬科還是每年利潤才一兩千萬元的公司時，提倡的是「健康豐盛人生」的企業文化，當它年利潤到了幾億元的時候，把自己打造為大眾城市化住宅的專業供應商，而年利潤幾十億元之後，萬科直接定義公司使命為「建築無限生活」。這是企業文化與時俱進的一個例子。

企業文化建設是一個持續發展的過程，不是一朝一夕能夠完成的，一定要注重企業文化建設的長遠規劃，文化發展，要不斷地累積，更要沉澱。企業在發展的每一個階段都需要有適合這個階段的文化來支撐和推動。因此尤其要避免企業因為領導者的改變而導致企業文化的顛覆。企業文化需要延續和創新，新的企業領導或者新的市場環境可以促進推動企業文化的精神創新，但不能徹底割裂和顛覆已有的企業文化建設基礎。

因此，作為企業的領導者，要認清文化建設對企業的生產經營和可持續發展所起的重要作用，推動企業從上到下形成共識，以積極、主動的態度去進行企業文化建設的各項活動。作為領導者更要高度支持和積極參與，有意識地塑造企業文化，積極成為企業文化建設的溝通者、激勵者，並言傳身教，踐行企業文化。

企業文化是一把手工程。一家企業的一把手不親自抓的話，它的企業文化就難以搞好。企業文化需要積澱，需要時間，需要全體員工尤其是領導們的實際踐行。企業文化是提升企業執行能力、企業軟實力和團隊凝聚力的重要手段，因此必須從上到下來貫徹，需要老板和高層參與進來，再層層推廣，帶動各個階層員工共同參與。

同時，光有自上而下的推動還不夠，還得發動群眾，走群眾路線。建立共同願景，讓員工明確認識到為公司的目標奮鬥就是為自己的夢想拼搏，公司階段性計劃的完成就是他實現夢想的步驟。讓員工的個人夢想和公司的目標進行融合，是實現公司利益最大化的方式，也是服務員工最有效的途徑。企業文化建設的主體是員工，要在員工廣泛參與的前提下，不斷推進文化建設的深入，逐漸培養員工的團隊精神，增強企業的凝聚力，使企業文化建設走上「全員參與」與「全員互動」的良性發展軌道，企業文化也能因此深入人心。

進一步來說，企業文化不只應該被本企業的員工所瞭解和接受，也應該在企業文化建設到一定程度時被更多的公眾所瞭解並接受和認可，通過企業文化的傳播來加深公眾對企業及企業產品的瞭解和認

可。企業文化的傳播工作對企業的發展也是非常重要的。

　　世界上的知名公司，都會在傳播企業文化方面做很多工作。例如，新銳公司優步進入中國後，大展拳腳，在市場推廣與公關方面屢出奇招。例如打車能夠遇到娛樂明星、遇到投資人、遇到 CEO，等等，一時間引發網絡追捧熱潮。同樣，外界對優步的印象就是優步的正式員工都很優秀——常青藤畢業生、國內名校畢業生有之，知名外企、投行、諮詢、媒體行業精英有之。他們往往說著流利的外語，帶著一種「天生驕傲」。這也是一種新型的企業文化傳播方式。

　　傳播企業文化有很多途徑，各個企業應該根據自己的條件進行選擇。比如企業在進行廣告策劃時將企業的文化及其所蘊含的企業精神融入廣告中，並利用有效的廣告形式將自己的企業文化傳播出去，而不是只重視宣傳企業的產品或企業的外在形象；或者企業可以經常和其他企業進行橫向聯繫，增強與其他企業的溝通，在溝通交流中傳播自己的企業文化，並爭取獲得同行及合作夥伴的認同，等等。

企業文化建設須與時俱進

中小企業的文化塑造，決定了其基因塑造的水準。這個基因水準的強弱，則決定了其是否可以成長為大企業甚至超大企業。

一家企業要想成為大型企業，就必須做大型企業該做的事；想成為卓越公司，就必須逐步開始做卓越公司應該做的事情。中小型企業通常只有百十名員工，信息溝通較為順暢，不需要太多的形式上的東西，要把工作重點放在如何讓企業文化的核心理念深入人心上。

當然，在規模有限的情況下，苛求中小微企業也像大企業一樣設置專門的企業文化建設的部門，騰出專門的人力、物力，甚至請專業機構來總結、提煉出企業的精神內核，弄出一堆厚厚的企業文化建設的發展規劃或者規章制度，的確是強人所難。但是，中小企業是否能發展壯大，還是與是否建立相應的企業文化有著必然的關係。

大部分中小企業，具有體量小而靈活、管理和人事設置相對簡單、人員成分相對單一等特點，對企業文化建設落實到人是有好處

的。要落實到個人，在建設企業文化的過程中就必須重視「人性化管理」。在企業管理過程中，應充分注意人性要素，充分挖掘員工潛能。團隊的培養和建設過程恰是企業文化形成和成長的過程。從發展的角度看，相當比例的大企業都是由中小企業發展起來的，而最初「小而微」的企業文化和團隊作風恰如種子，種在大企業的基因深處。

因此中小企業的老板和創業者們要用發展的眼光看待問題、看待員工。也許正是目前有限的人力、物力、不同的性格特徵及融合共生的程度不同，決定了未來每個人都有可能成為一個強大的部門和管理團隊的一員。平等意識、尊重個性、發掘潛力且有遠大夢想是中小企業領導人在管理中必須注重的要素，這種「以人為本」的氛圍可以讓員工有積極性和歸屬感。諸多成功的大型企業都是以這種方式從中小企業發展而來的。

那麼，到底中小企業尤其是小微企業及創業型企業該如何建設企業文化？

公司不是員工的，要讓員工像企業創立者本人那樣有動力、有激情、有方向肯定很難，但這恰恰是企業文化能夠起作用的地方。讓員工在一定程度上像企業家一樣有激情、有熱情去創新、去開拓，對公司的成長非常重要。這是企業文化的終極目標，也是創業型企業文化的使命。

企業文化只能是內生的，不能靠抄襲而來。在企業管理中，技

術、銷售技巧甚至方案都可以直接或間接地向其他企業學習，但是以風氣和氛圍為主要表現形式的企業文化必須從企業內部慢慢累積。

成功的小企業大多數從一開始就有意識地建立企業文化，並在其發展的過程中不斷演化，逐漸成形。很多企業文化必然會受到地域文化的特點、企業領導人的性格等要素的影響，把這些要素融入企業文化之中後，其特有的文化特徵可以影響每一個員工的認知和行動，並被認可及落實到實踐中。所以經常有「海派企業」與「南派風格」等的稱謂。

當然對於取得初步成功的小企業，尤其是創業中的企業，企業文化建設還要適當考慮其適應程度和柔韌性，畢竟年輕的企業可塑性強，未來的變化空間大，企業發展的寬度和廣度最為重要。因此企業文化也可以適當擁有一定的變化空間，不必精雕細琢地執著於細節，不然原本為了起激勵和保護作用的文化反而會成為絆腳的繩索，效果南轅北轍。創業中的中小企業在總結、提煉自己的企業文化的時候，可以適當粗線條地勾勒出大致的輪廓，在以後不斷發展壯大的過程中完善細節，邊成長邊雕琢，取其精華棄其糟粕。

企業的創業者和領導人在建設企業文化的時候，不要好大喜功，不要迷失初心，不能因為走得太遠，而忘記了自己為何出發。建立企業文化的目的是打造具有良好氛圍、起到良好作用的軟實力，而企業實力的根源和核心在於人，因此企業文化不僅是規範人們行動的軟性力量，同時還有一個很重要的功能：讓員工快樂，讓公司的氣氛活

躍。這個出發點不會因為企業所屬行業的不同而改變。現代心理學已經證明，愉悅的環境和快樂的工作方法會減少人的疲勞感，提高工作效率，降低管理成本。這是企業文化轉化為生產力最直觀的表現方式。像譚木匠這樣的中小企業，其企業文化的內核是誠實、勞動、快樂；盛大的企業文化的內核是溝通、創新、樂趣。它們都直接把「快樂」「樂趣」這樣的表達直觀感受的詞作為文化核心。雖然一個是有歷史傳承的傳統行業，另一個是以游戲起家的新興行業，無論從工作方式還是生產內容上都具有很大差別，但是在企業文化的設計上卻殊途同歸。

企業在創業時期有其獨有的創業文化。很多小企業是在初步成功之後才開始著手建設企業文化，這是非常有必要的抉擇。不過也要注意，企業文化本身也是發展的，企業發展和社會發展，可能會導致企業文化在發展的過程中摒棄曾經最有用的部分，因為那部分內容已經不適應當前的發展階段。比如阿里巴巴創業之初有「吹牛」和「打地鋪」的文化，所有人都和馬雲一起「吹牛」暢想未來，晚上為了趕工作，很多人都在租住的辦公室裡打地鋪，可是隨著企業的發展，這種屬於創業初期特定階段、特定傳統的文化就被改良了。

同樣，企業草創時候，領導人的感召力、親和力和領導力能集聚員工的向心力，每個人都能與領導人近距離溝通、合作，但是企業發展壯大之後，更多新員工加入，從可操作性來講，不可能讓所有員工像創業初期那樣和企業領導者「再走一遍長徵路」，而在日常的管理

中也不可能讓他們都能有機會與領導直接溝通。那麼企業創立初期的企業文化就要隨著企業的發展而發展，找到適合的方式落實相應的文化。因為企業不僅對自身文化有更新、更多的要求，也要求文化有自我更新的能力。

盛大在創業時期，因為業務繁忙，很多員工常常自覺加班，公司形成了「睡袋文化」。但是隨著企業的成長，不可能再要求每一個人都隨時加班，否則這不僅不符合企業發展的需求，而且會打擊員工的工作積極性。但是在文化轉變的過程中，的確出現過這樣的衝突，加班不是出於員工自願或工作需要，而是成了一種義務。這種強制加班，或者不加班就是不熱愛工作的表現形成了一種糟糕的氛圍，讓員工無法體會到工作的樂趣。

後來，盛大努力提倡「溝通、創新、樂趣」的企業文化。通過溝通解決信息不對稱和情緒問題，通過樂趣調動員工工作的積極性，至於是否加班，取決於是否需要、是否有樂趣，這就改變了員工之前為是否加班而糾結苦惱的問題。

毋庸諱言，中小企業的生存時間一般比大型企業的時間短，人員規模也較小，因此很多中小企業對企業文化不夠重視，因為他們常說——生存問題都沒解決，真沒有時間與心思想別的！這造成市場發展和競爭中出現兩種情況，一種是中小企業不重視也不認真關注和發展企業文化，企業消逝之後也沒有人意識到，它的消逝和沒有建設企業文化有必然關係；另一種情況是，有極少部分的中小企業發展壯大

之後才有了企業文化，但是因為其已經壯大，而且對於企業文化的總結、提煉及貫徹是企業成長之後才做的，很多人就會認為之所以有企業文化是因為它是大企業，而完全沒有想到，企業文化在中小企業成為大企業的飛躍過程中就已經在起著非常重要的作用。

無論是以上的何種情況，絕大多數中小企業對企業文化的瞭解、關注和投入都是不夠的，企業領導者對企業文化之於中小企業的重要作用要遠大於之於大企業的作用這樣的結論的認知和理解也不夠。對此，馬雲是最有發言權的，因為阿里巴巴就是從小微企業脫胎換骨成為市值千億的大企業的。

阿里巴巴成立之初，馬雲帶著幾十個學生在一個三居室裡工作。現在很多人認為阿里巴巴的文化是貼標語，而事實並不盡然，阿里巴巴創業之初，學生與老師之間默契、親密的人際關係、苦中作樂的工作激情、心懷遠大夢想的生活方式都是標語無法實現的。馬雲曾經帶領團隊「吹牛」聊夢想，「窮開心」。他的夢想之一是：帶領團隊的人去巴黎過年，年夜飯後發年終獎，每人兩把鑰匙，一把是法拉利跑車的鑰匙，一把是別墅的門鑰匙。他的夢想之二是開支票買下歐洲豪華酒店，邊寫支票邊說，才3億美元呀，我還以為要5億美元。最艱難的時候，他帶著大家一起「做夢」：「假如你們每人有500萬元年終獎，你們想怎麼花？」大家興致勃勃地暢想起來，馬雲突然打斷說：「這些都會實現，接下來干活吧！」有人說：「多說一會兒吧，我才用了300萬元！」大家哄堂大笑，然後繼續工作。

馬雲自己也說，阿里巴巴的標語「不是管理者貼給大家的，而是員工的自我激勵」，這種激勵文化是從最初就開始建立起來的。

「不能做大了以後才開始講文化，成了中型企業才開始講制度」，而是在創立之處就開始建設企業文化才有可能把企業做大，做大了以後，企業文化的作用和價值就表現出來了。

企業的價值和產品是員工創造出來的，而老板需要做的是：為員工創造獨特的價值觀，讓員工感受到「我不是你的機器，我是一個活生生的人」。

中小企業最重要的是重視自己的員工。「永遠要明白這個道理，老板的客戶有兩個，第一個是外部客戶，第二個客戶就是員工」。小企業老板要多傾聽員工的想法，使員工的基本生活得到保障，讓員工在工作中收穫榮耀和成就感。馬雲特別指出，對員工的物質激勵，只能在一定程度上滿足員工，不能讓他有幸福感。「幸福感是讓他們有信仰，讓他們相信公司對社會和客戶是有貢獻的，而自己對公司是有貢獻的——這樣的員工容易管理」。

像阿里巴巴這樣的企業，有其獨特的文化雛形，久而久之，在發展中就逐漸形成了企業獨特的、成熟的企業文化，並在此基礎上形成企業的凝聚力，推動企業高速發展，實現企業文化之真正價值。

企業文化建設需要制度化保障

說了很多警句與故事，大家對於企業文化的概念的認識會豐富一些。但筆者在這裡還得再提醒一點，企業文化不是空中樓閣，建設企業文化也不可能一蹴而就，要及時做很多切實的、補充與規範性的工作。企業文化與企業規章制度聯繫緊密，因為企業文化的本質是思想和行為的道德規範，它基於又高於企業經營規則；而企業規章制度規範著企業全體員工的行為和職業道德。因此在對企業文化進行創新的時候，需要有健全、完善的制度體系作保障。

企業的規章制度是企業文化體系中不可或缺的組成部分，也有人把企業的規章制度稱為企業的制度文化。如果沒有制度保障，這些制度沒有得到員工的認可、遵守和執行，企業文化將流於形式，最終消亡。

中國的很多企業都存在這樣一個分裂的現象——制度是制度，文化是文化，兩者處於割裂的狀態，企業的管理者也不認為這兩者之間

有什麼聯繫，宣傳的口號和員工行為嚴重不符，沒有規範，沒有制約。隨著資本寒冬襲來，兩三年之間，一批批突然爆紅的公司紛紛倒下。而幾乎每一家垮掉的公司的企業文化都是相當不靠譜的。例如，很多公司的精力放在了各種論壇上、各色宣傳稿裡，大講情懷、紙上談兵，但是迴歸到自己公司具體業務時，就苛刻員工、放縱假貨銷售、洩露出賣客戶隱私⋯⋯這樣的公司的未來，可想而知。

　　人們在認識一種新的理念、一種新的文化的時候，往往需要一個較長的過程。把文化「裝進」制度哪裡，就可以加速這種認識的過程，同時能夠及時糾正員工的思想行為偏差，明確地告訴員工哪些行為是企業反對的、需要遏制的，哪些是企業倡導的、需要發揚的，將這些肯定與否定的標準清晰而深入地貫徹到企業的各項基礎管理工作之中。久而久之，員工養成了按制度辦事的習慣，企業所倡導的行為規範成了員工的自覺行為，那麼企業的文化便真正落了地，發揮了作用。

　　如果企業能夠實現制度化運作，那麼企業的員工就會接納和理解其基本的、正確的、有意義的思想和行為。因此，一個企業有了完善健全的制度後，讓員工形成相應的思維方式和工作模式都是水到渠成的。這也正是我們本書中反覆提及的企業文化的作用。

　　英國脫離歐盟，特朗普當選美國總統⋯⋯各種之前意想不到的事件正在發生。在這個黑天鵝事件隨時爆發的年代，企業的思想、管理也在隨之變化，作為企業軟實力的企業文化，需要順勢而為，進行更

新或改革，這都需要強有力的手段加以引導和實施，具有剛性特點的制度就顯得非常必要。柔性的企業文化需要剛性的制度加以規範和固化，剛性的制度則需要柔性的企業文化加以「人性化」，兩者互相結合，缺一不可。只有讓企業的制度和企業的文化相契合，才能使企業從思想到行為跟上時代的潮流，突破瓶頸，在今天的激烈競爭中穩步前行。

一個有前途、有未來的企業，具備自身的市場競爭力，能獲取最大的利益，在激烈的市場競爭中取勝，滿足員工，服務社會，企業家本人也可以獲得自我價值的實現。所有設計與實施的制度創新、管理創新、技術創新，都是為了實現這一最終目的。而所有的創新，最終都需要以文化創新為內部動力。所以，在認識到文化的重要性，打造出先進文化的基礎上，如何讓企業文化為企業的長足發展提供原動力，是每一個企業和企業家都渴望解決的問題，也是亟須解決的問題。

制度與文化，是一個有機的互動過程。良好的企業文化可以營造良好的企業氛圍，也有利於企業創新制度和創新經營戰略的形成，而且在市場環境不斷變化的情況下，具有良好企業文化的企業更能適應市場的需求，及時創新企業技術，在市場競爭中掌握主動權。

企業文化的建立過程，一旦進入良性循環，員工和企業領導，乃至合作單位，都可以從中獲益。但是經濟是不斷變化的，市場是不斷進步的，無論是員工的能力和眼界，還是企業的技術和產品及市場的

需求，甚至合作單位可能隨之不斷變化。如何維護和保持企業文化曾經達成的某種互惠和諧的狀態是企業在發展中必須考慮的問題。這種考慮不只是為了留住員工，為了與合作單位保持更好的合作關係，也為了給市場和社會提供更好的產品，還包括更好地整合社會資源，在增強自身的競爭力、凝聚力的同時擁有更強的文化輻射力和感染力，從而讓企業在承擔更多社會責任的同時能獲得更多的收益，而最終通過這種良性的循環發展成為更有價值的社會組織和單位。這種發展，經常與公司的收購兼併戰略相匹配，但企業併購，百分之七八十的結果都是失敗的。失敗的主要原因，就是兩家公司的企業文化不能融合。從這也可以看出，就算是大企業，一樣需要小心謹慎地處理企業文化問題，更不要說是基礎薄弱的中小企業了。

在生產管理和經營實踐中，越來越多的人，包括企業的領導人和理論研究者都發現，促進企業文化的創新和進步、不斷完善企業文化，是企業在市場競爭中獲得強有力的競爭力最直接、最有效的方法。

今天，中國的不少企業已經發展到了一定程度，其組織結構、領導體系都相對穩定，要想進一步提高生產效益、達到更高的企業經營目標，最有效的方法就是發揮企業管理制度的作用。很多企業的領導者並沒有將企業的管理作為企業發展的重要因素，而是過分重視企業的增長和效益。如果企業在運行過程中不重視管理，就會導致在日常工作中知與行的不統一，長此以往會導致形式主義。任何企業的規章

制度都不是一成不變的，需要根據社會的發展與企業的進步進行創新。能夠合理判斷企業管理水準的標準就是企業在運行過程中制定和遵循的規章管理制度是否完善和科學，是否適應現代市場經濟的發展。

除了前面談到的定義與理論，中小企業的企業文化包括道德規範、行為模式、企業家的精神和創業理念，還涵蓋員工認同和理想、命運。優秀的公司，是能夠做到這個層次的——讓員工最大限度地發揮聰明才智，深入發掘內在潛能，把自身夢想和命運與企業的命運和未來聯繫在一起，企業的目標與員工的需求合二為一，就能持續產生強大的力量促進企業發展。

企業和員工，實質上是緊密聯繫、互惠互利的。企業需要通過對員工能力的使用和潛力的挖掘來實現企業的收益，而員工通過為企業付出相應的體力和智力獲得個人的生存和發展。企業採取有形的經濟手段給員工提供生活所需，滿足員工物質需求，並達到激勵員工的目的；同時，企業也應該通過無形的教育培訓等文化層面的手段，挖掘員工潛力，推動員工以實現個人價值的方式間接實現企業利益的更大化。

在主流的企業管理理論之中，經常提及的「以人為本」的企業文化，充分體現了「人性化」，在用人方面能打破傳統的用人觀念，為人才提供盡可能大的發展空間——在本書的後面章節我們會具體展開闡述。在具體的實踐中，「以人為本」的操作要點包括：將員工的

特長、職業願景與崗位結合起來，使各崗位之間有效互動，建立一套科學、合理、系統的人才激勵機制，充分調動員工的主動性和創造性，增強員工的歸屬感。為了落實以人為本的管理，需要企業關注並滿足員工需求，並且將其納入企業文化中，推動和促進員工的創新能力，以無形的文化創新能力提升有形的產品和服務的創新能力。

企業作為員工信賴和依託的組織和經濟體，需要表現得比員工更具有前瞻性，有更遠大的目標。這個遠大目標不止包括經營目標或者技術創新的目標，還要更多考慮到員工的訴求和社會的期待——這也是企業文化創新需要考量和涵蓋的內容。

企業領導是企業的帶領者、管理者和主要決策者，在企業文化創新中的作用不可小覷，甚至不可替代。企業領導應該認識到企業文化的本質和企業文化創新的重要性，能夠通過企業文化建設形成正確的企業價值觀；積極參與企業文化創新，以身作則地帶領員工創新企業文化；摒棄不合時宜的管理觀念，以市場需求為導向，樹立適應市場需求的管理觀念；提高自身綜合素質，不斷學習先進的管理知識和技能，結合企業自身特點、發展階段和發展目標打造具有自身特色的企業文化。

企業文化創新，僅靠領導者是遠遠不夠的，領導者起主導作用的同時，還需要其他部門的積極參與。以人力資源部門為例，為了促進企業文化建設的開展，人力資源部門應該結合企業的實際情況制定一套科學、完善、實用的企業用人制度；在企業文化培訓方面，對員工

加強培訓並進行考核，評估考核結果後，對成績優異的員工給予獎勵，加深員工對企業文化的認識。

企業文化創新還應該與企業行銷結合起來。在移動互聯網時代，這項措施會越來越見效，越來越有用。優步的創始人特拉維斯·卡蘭尼克就是這麼做的，維珍集團的布蘭森也是這麼做的。中國不少企業家也很善於採取這種辦法——微博上透露的王健林的國際飛行日程安排為萬達的國際化佈局做註釋，董明珠強推格力電器的科技反應格力的實力，王石不斷挑戰高峰與萬科精神相契合，等等。企業是社會的重要組成部分，是社會經濟發展的載體、社會進步的動力，企業文化建設不僅是企業內部文化建設，還應該對外推廣，加強對外行銷宣傳，傳播企業文化。這樣既可以達到宣傳效果，還能幫助企業樹立良好形象，提高知名度和美譽度。當然，也有一些企業家處理不好企業文化與企業行銷的關係。自身的企業文化累積不夠，層次不高，但是一味地將企業文化傳播到市場與消費者之中去，這也鬧出了不少笑話，具體案例在此就不多舉了。

回到2017年，在外部環境不確定和市場競爭激烈的背景下，企業要想健康持續發展，就必須要進行創新，尤其是要明確企業文化創新和企業管理創新之間的作用關係，提高管理水準，進一步推動企業發展。

第四章

新常態對企業文化建設的新要求

2014年5月，習近平總書記在河南考察時指出，中國的經濟發展正處於重要的戰略機遇期，我們要增強信心，從當前中國經濟發展的階段性特徵出發，適應新常態，保持戰略上的平常心態。這是中央領導首次以「新常態」描述新週期中的中國經濟。

新常態對中小企業是挑戰，也是機遇

「新常態」不是一個靜態目標，而是一個動態的系統目標。它意味著在降低經濟發展速度的同時，必須推動市場化改革，提高經濟運行的效率和質量。

「新常態」一詞並非中國首創，它最先是由美國太平洋基金管理公司總裁埃里安提出的。在宏觀經濟領域，「新常態」被國際輿論普遍形容為危機之後經濟恢復的緩慢而痛苦的過程。

2008年，美國金融危機爆發。2009年年初的時候，華爾街的金融家發出警告，在未來一段時間，發達國家在金融市場上的投資會進入一個新常態。

華爾街金融家提出新常態是基於以下判斷，即在未來相當長的一段時間裡，美國跟其他發達國家會進入一個低增長、高失業、投資風險大、平均回報率低的階段。從發達國家的經濟發展歷程我們可以知道，它們平均每年的經濟增長速度大約是3%，而且比較穩定。危機以後會有一個增長的反彈，一般會有6%~7%的經濟增長率。這是發達國家在過去的一種常態。

而在今天，筆者認為中國經濟的「新常態」概念包括以下含義：一是不追求過高的GDP增長速度。習近平曾提出不以GDP論英雄，顯示其並不認同單純追求經濟增長速度的做法。他預見到了單純追求經濟增長速度而不重質量會付出巨大的社會代價，並且不利於可持續發展。二是強調全面深化改革。中共十八屆三中全會提出全面深化改革，這是對十一屆三中全會、黨的十四大、黨的十六大提出的經濟體制改革的補充和深化。新時期的改革是全方位的，而經濟體制改革只是其中的一個組成部分。三是在提出新常態的同時，也強調需要維持一定的增長速度。這說明在保持一定經濟增長速度的前提下，決策層更重視經濟發展的質量和可持續性，即經濟增速在目前只是一個相對次要的關注點。

新常態下的經濟政策，其思考角度與出發點會與之前的30年有所區別，可能會有如下的變化。

一是不再把追求經濟高速增長作為政策目標，而是在短期內把經濟增長速度維持在一個增長區間即可。這個區間大約是7%~8%，具

體目標可能在7.5%左右。有分析認為，中國將構築5%～6%的新增長平臺，以替代現在勉強維持的7%～8%的舊增長平臺。這個方向是不錯的，不過這種替換不會在短期內發生。一般預期，未來30年，中國經濟增速將以每10年為一個階段，以7%、6%、5%的速度逐步放緩。面對經濟增速放緩的情況，新常態下的短期經濟政策將會堅持區間調控、定向調控的做法，以「微刺激」代替「強刺激」，不踩大油門。

二是市場化改革大勢所趨。「新常態」不是一個靜態目標，而是一個動態的系統目標。它意味著在降低經濟發展速度的同時，必須推動市場化改革，提高經濟運行的效率和質量。曾有專業人士以通俗的方式描述「新常態」的市場情景——「無效資金需求中斷了，利率下來了，微觀放活了，增速換擋成功了，產業升級了，企業利潤上升了，股市走牛了，居民生活改善了，政府威信提高了」。這一系列變化的發生，必須有市場化改革作為保障，要大力推動簡政放權、降低市場准入門檻、打破壟斷等最基本的市場化改革。

三是要加強風險控制，警惕局部風險系統化、擴大化。「新常態」實際上是對過去拼投資、拼資源、拼環境、拼負債的糾正。在以前的發展方式下，中國經濟在高速增長的同時也帶來了各種風險——房地產風險、地方債務風險、金融風險、實業萎縮與部分產業過剩的風險等。這些風險目前在各個領域基本上以單獨、可控的狀態存在。如果經濟運行偏離「新常態」——無論是過快或過慢都可

能使各種風險擴大，進而相互影響形成系統性的風險失控。

「新常態」為今後中國的經濟發展給出了新的戰略定位，意味著經濟目標、決策目標、宏觀政策和產業政策都要進行調整。作為微觀經濟體的所有企業，都要主動迎接這種「新常態」的到來。

和平時代，商業就是國與國、人與人之間最直接、最具挑戰性的交鋒。所以我很欣賞商業行為，也很理解和尊重廣大的企業家群體。

中國的工業企業，或者說其他類型的企業，從數量上來講，大部分還是中小微型企業為主，幾乎占到企業總數的90%。

當然，先不管別人，看看我們身邊的中小企業就知道了。就像第二章哪裡提過的那樣，中小企業存在各種結構性矛盾，簡單來說就是小、散、亂、差。

關於「小」，大家都能夠理解，就是企業規模普遍偏小。「散」就是具體到每一個行業來說，企業在其所在行業中的市場份額都非常分散，集中度低。「亂」即無序競爭，同質化競爭，市場不規範。這個既有國家監管的問題，有市場自身局限性帶來的問題，也有企業自己的問題。中國製造業的產品技術水準、質量水準、企業管理水準，在整體上還是比較落後的。雖然國內並不是說沒有好的企業，也有很多優秀的中小企業，有自己非常成熟的管理辦法，有很多專利技術，也有一些叫得響、有競爭力的產品，但是就中小企業總體狀況而言，小、散、亂、差，是目前的普遍現狀。

在產業不斷升級的過程中，勞動生產率也在不斷地提高。這個過

程當中，不同產業的公司面對著不同的壓力與機會。根據中國各產業的發展水準與國際前沿的差距，我們可以將產業分成五種類型。

第一種是追趕型產業。中國的汽車、高端裝備製造、高端材料產業屬於這種類型。追趕型產業可以通過三種方式來實現發展。一是到海外併購同類產業中擁有先進技術的企業，作為技術創新、產業升級的來源。這是大企業才能幹的事情，中小企業是做不到的。二是如果有合適的併購機會，可以到海外設立研發中心，直接利用國外的高端人才來推動技術創新。這對於單個的中小企業而言，也比較難操作，更多是需要多家中小企業橫向合作才有可能完成。三是海外招商引資，將這些高水準的生產企業吸引到國內來設廠生產，從而把先進技術和管理經驗都帶過來。

第二種是領先型產業。中國有些產業，像白色家電、高鐵、造船等，其產品和技術已經處於國際領先或接近國際最高水準的地位。領先型產業只有依靠自主研發新產品、新技術，才能繼續保持國際領先地位。自主研發主要分兩塊，一塊是研究，一塊是開發。研究就是對相關產品的化學性質、物理性質等基礎知識的研究。根據這些基礎知識的研究，再去開發新產品，開發出來的新產品、新技術可以申請專利。這類嘗試適合中小企業自己進行，也有利於單點突破。

第三種是退出型產業。這類產業可以分為兩類，一類是喪失比較優勢的產業，另一類是有比較優勢但產能有多餘的產業。勞動密集型的出口加工業是最典型的喪失了比較優秀的產業。這類產業比較優勢

的喪失是不可逆轉的趨勢。面對這種挑戰，一部分企業可以升級到品牌、研發、市場渠道管理等高附加值的「微笑曲線」兩端，而多數企業只能像20世紀60年代以後的日本和20世紀80年代以後的「亞洲四小龍」的同類企業那樣，利用技術、管理、市場渠道的優勢，把產業轉移到海外工資水準較低的地方。如果要轉移出去要考慮兩個問題，轉到哪裡去？怎麼轉過去？對於第一個問題一般下意識的答案是東南亞。但是這幾年，東南亞工資上漲的速度也很快。目前來看最合適的地方是非洲，非洲有10億人口，那裡有大量的剩餘勞動力。但是在非洲設廠，也不是一般的中小企業能夠把握的，因此還得從長計議。還有一部分產業在中國還有相當的優勢，主要是建材行業與快速消費品行業。這些產業的產品在非洲、南亞、中亞、拉丁美洲等欠發達地區還是有市場的。中小企業可以配合「一帶一路」倡議和其他國家戰略的實施，以直接投資的方式將產能轉移到政局穩定、溝通友好、市場需求大的發展中國家。

第四種是彎道超車型產業。中國的有些新興產業，在世界範圍內都是才發展起來的，但它的研發以人力資本為主，而且研發的週期特別短，例如移動通信、互聯網產業等。這種新興產業，我們跟發達國家站在同一條起跑線上。在與之相關的硬件方面，我們還有產業能力強的優勢。因此這類中小企業，保持嗅覺靈敏，就有很多發展的機會。

第五種是戰略型產業。這類產業通常資本投入非常高，研發週期

長。這類產業中國尚不具備比較優勢，但其發展關係到國家安全和長遠發展，必須要有，如網絡安全、基因、大數據等都屬於這種類型。這種公司，需要積極與各級政府及部門緊密溝通、接觸，瞭解相關的政策優勢。對於中小企業來說，擅於與不同的社會資源打交道是非常重要的。這也需要好的企業文化的配合與支持。

今天，在企業內部，良好的薪酬、專業的培訓和完善的職業規劃都是非常重要的，但根據我們的經驗，在新常態下，僅有這些還不夠，尤其是當公司想要吸引更多20來歲的專業人才時。與上一輩的人相比，新一代的年輕人有著不同的價值觀和訴求。他們更希望能夠為目光長遠、企業追求不局限於利潤的企業工作。這類企業的企業文化優秀，社會責任感強烈，旨在為員工乃至整個社會創造積極和正面的價值。

我們看到，越來越多的求職者不願委身於與自身信仰不相符的公司。對於某些行業而言，這一點表現得尤其明顯。例如，如果求職者有意為涉及社會層面比較多的機構與組織工作，那麼他們在選擇雇主的時候，將更加關注企業的社會責任價值。不僅如此，求職者在評估食品類以及公共服務類公司所提供的工作機會時，會希望瞭解這些公司是否做到正直和誠信營運，是否回饋其經營所在的社區。

那些以履行企業社會責任價值為基礎而營運的公司已經開始看到回報。我們看到，一些獲得數份工作機會的求職者，拒絕了大型企業的工作機會和優厚待遇，轉而選擇了履行慈善和環保責任的小企業。

在這樣一個競爭激烈的就業市場上，在吸引頂尖人才方面，企業履行社會責任給用人單位帶來了競爭優勢。

企業履行社會責任並不僅僅在人員招聘方面有競爭優勢，它也是一個強大的長期激勵因素。當企業的社會責任價值獲得了全體工作人員的擁護和認可，那麼，員工會認為這樣的企業是與眾不同的，在履行社會責任方面起著標杆作用，從而讓員工也有機會回饋社會，並使得回饋活動成為自身工作的一部分。

此外，員工的認同度越高，企業履行社會責任的舉措的有效性就越強。當員工看到企業給當地社區帶來了實實在在的益處，他們就會切實地感受到回報和獎勵。

以哈里斯環球公司（Harris Global）為例。哈里斯環球公司有一項工作是組織員工與當地的志願者或慈善組織一道，幫助人們解決他們長期的心理健康問題，為他們提供簡歷諮詢、面試體驗和指導，讓他們能夠重返全職工作崗位。這需要工作人員（其中大部分都未滿30歲）努力工作、辛勤付出。

一旦員工參與到這些慈善工作中，他們將愛上這項工作，許多員工甚至利用閒暇時間繼續擔當慈善活動志願者。有趣的是，我們還發現，為企業履行社會責任引入一項競爭性元素，可以讓工作得以更好地開展。例如，將公司分為兩個團隊，看哪個團隊能為當地慈善募集到更多的資金。

企業承擔社會責任還體現在環境保護上。充足的自然資源和良好

的生態環境是企業發展的基礎，減少資源和能源的浪費是企業的責任。企業可以採取的環境保護措施有很多，例如無紙化經營、綠色生產、綠色運輸、產品包裝循環利用、生活垃圾袋裝化、固體廢棄物分類處理，以及鼓勵員工綠色出行，等等。企業應將環境保護的觀念融入實際工作的方方面面。

企業履行社會責任的舉措是在企業內部營造一種身處社區的感受的良好方法，也是建立職場之外的生活聯繫的良好方法。

企業履行社會責任是非常值得的。它通過提高員工留任率來提升企業的盈利能力。不僅於此，它還能幫助企業樹立良好的企業形象，在眾多企業中脫穎而出，贏得客戶，獲得競爭優勢。

美國學者特倫斯·迪爾和艾倫·肯尼迪在《企業文化——企業生活中的禮儀與儀式》一書中，詳細歸納了幾個文化的構成要素。

要素之一是企業環境。公司所處的環境決定了它應該怎樣做才能成功。在塑造企業文化的過程中，企業所處的環境是最重要的影響因素。價值信念通常是看不見摸不著的，難以準確把握，而那些不斷被重複的活動，即儀式，是一個群體表現價值信念的重要方式。所以在禮儀慶典等活動中，所有員工佩戴或更換統一的標示，在一定程度上就是一種儀式，表明大家上下一心。這是企業文化比較顯性的呈現方式。

要素之二是故事，即文化的口述史。故事承載著文化價值觀，講故事是日常工作生活的一部分，而故事是非常容易被傳播的，故事使企業文化被大眾所熟知。

要素之三是英雄人物，榜樣的力量是無窮的。所有的故事都是把員工、管理者或者經營者提升成為文化中的核心，把他們作為角色榜樣或者活的公司標示，通過他們的言行來表現公司熱切的理想。這是企業文化系統中的重要標杆。

優秀的企業文化同樣也吸引著優秀的人才加盟，這是大家的共識。優秀的企業文化對於人才來說不僅是一種「精神薪酬」，也是一個吸引人才加盟的巨大「磁場」。就像很多計算機專業畢業的學生都希望能到 Google、Facebook 與 IBM 工作一樣，不僅因為公司能提供優厚的薪酬，還因為那裡有先進的管理經驗、技術、思想觀念和深厚的文化底蘊。

良好的企業文化不僅是一種培育人的文化，還是一種能讓人才升值的文化。現在很多公司都希望從大企業或企業文化好的企業中「挖到」人才，就是一個很好的印證。

2016 年的中秋節，阿里巴巴集團出了一個新聞，這個新聞迅速發酵，成為社會熱點。這就是阿里巴巴的搶月餅事件。9 月 12 日，阿里巴巴組織了一個秒殺月餅的內部活動，結果有 4 位安全部的員工和 1 位阿里雲安全團隊的員工，通過編寫腳本代碼的違規方式，「秒到」了 100 多盒月餅。

針對此事，阿里巴巴集團兩位高管與這幾位員工經過坦誠溝通之後，公司對他們做出了勸退的決定，其中一位已在阿里巴巴工作 6 年之久。阿里巴巴 CEO 張勇說，安全部門員工的職責是用技術保衛用

戶的安全，而不是去搶幾個月餅。後來，阿里巴巴各級員工又對這件事進行了認真的討論，最終還是維持了原來的處罰決定。

阿里巴巴是一家把權力真正下放到每個普通員工手裡的大公司，下放權力的基礎就是組織和員工之間的信任。一個只有建立在信任基礎上的團隊才能走得長遠，打得起硬仗。只有獲得了授權，才能服務好客戶，更快地根據客戶需求做出有效的決定。

因此，阿里要求員工，要善用手中的權力，也要像愛惜自己的眼睛一樣愛惜別人對自己的信任，愛惜自己的才華。

雖然發生了「『秒』月餅事件」，但是，阿里巴巴並沒有改變「充分授權」這種制度文化，相反未來還將繼續充分信任和授權給同事，即使未來仍舊可能出現一些波折。因為授權本身不是做給別人看的，而是尊重大家彼此間的信任和一致的理念，遵循做事和做人的初衷。

公司和人一樣，不可能完美。只有用本心做對了一件件小事，才可能形成巨大的影響力。在公司發展的道路上，對於「小錯誤」也要保持一顆敬畏心。千里之堤潰於蟻穴，很可能，一件看似不起眼的小事，就會解構和擊敗所有人的奮鬥。

招攬人才是企業的心願。企業如何建設能吸引人才、留住人才的企業文化，已經成為當下每一個企業可持續發展所關注的戰略重點和人力資源管理部門正在著手攻關的課題。

所以，中小企業不僅要考量行業發展前景，更需要考量自己與員工的良性關係建設。這樣的挑戰難度確實不小，但是很有趣！

移動互聯網時代的合縱

曾經，一部叫《中國合夥人》的電影成為社會關注的焦點，雖然劇情與現實有所出入，但是卻引發了創業者與商界的強烈共鳴。在新常態下，做生意不容易，創業更艱難，不少中小企業面臨轉型升級和傳統產能過剩的問題，但是靠自身摸索能夠轉型成功的並不多。很多企業向一些新興領域轉型，結果發現那裡已經是一片紅海，競爭激烈。採取合夥方式，培養合作精神，養成合作文化，是中小企業比較現實的一條出路。當下，世界經濟復甦乏力，民營企業抱團實為禦寒之策。阿里巴巴與海爾、小米手機與美的等跨界聯姻，昭示了合夥圖強的大勢。

2016年10月中旬，有近2,000名中小企業家，聚集在郵輪皇家加勒比號之上，參與2016年年度中國合夥人大會。會上這些企業家發布宣言，表示要致力於民營企業「合夥制」發展，搭建起信息交換、資源融通、項目對接平臺。其實，與資源互通相比，合夥人具有

相同的價值觀更為重要，相同的理念和信念才能使合作更長久。同時，有團隊意識，能夠互相理解和支持，才能成為好的合夥人。合夥人中的最高層和核心團隊，要秉承平等協商、科學決策、大局為上、利益共享、風險共擔的原則來進行企業管理。

這個組織，提出了一系列有針對性的中小企業的自我救助方向——為非公有制經濟發展營造權利平等、機會平等、規則平等的大環境，推動營造日趨公平的市場競爭環境，幫助中小企業跨過「市場的冰山、融資的高山、轉型的火山」；努力創建多層次、多領域、多區域合夥人平臺，舉辦華中區、長三角、珠三角等地區合夥人大會，推動交流共享平臺化、資源對接結構化、項目合作精細化，支撐產業轉型升級，實現互信合作、共贏發展。

實際來說，民營企業也可以試行合夥制，與上游、下游企業共同打造新的合作模式，形成綜合競爭力，共同抵禦風險；還可以招納擁有核心技術的合夥人或者市場開拓、行銷方面的人才，形成互補。

在「互聯網+」和整個社會去權威化、去中心化、去行政化的背景下，企業與企業、團隊與團隊，更多的都是合作關係。未來每一位企業家都會有一個新的身分——合夥人。我們每一個人都是中國夢的合夥人，每一個企業成員都是企業的合夥人，每一個企業是行業發展的合夥人。合夥人制度會讓人有歸屬感，這使得合夥人對企業更加堅定和忠誠。

確實，互聯網尤其是移動互聯網的發展深刻地影響了整個社會。

互聯網已經成為人們生活、工作的一部分。雖然究竟什麼是互聯網思維，至今仍沒有一個專業且統一的概念，但是在實際商業社會之中，互聯網思維正在推動一波又一波的變革。不同行業、不同身分的人對互聯網思維有著不同的理解。

有人認為，互聯網思維就是做產品行銷，利用微博、微信、視頻、論壇等平臺推廣產品。其實社會化行銷只是互聯網思維的一種呈現方式，並非全部。有人認為，互聯網思維就是互聯網企業的思維，與非互聯網企業沒什麼關係。其實互聯網思維適用於所有企業，尤其是傳統企業應該打破固有的思維方式，利用互聯網思維來改造企業，提高效率。還有人認為互聯網思維就是網購、團購、O2O等。其實，這些只涉及企業的銷售層面，並沒有將互聯網思維融入管理等企業運作的其他方面。

或者，實事求是地說，互聯網思維是一種認知外界與進行思考決策的方法論，是在「互聯網+」、大數據、雲計算等不斷發展的背景下，對市場、用戶、產品、企業價值鏈乃至對整個商業生態進行重新審視的思考方式。互聯網思維強調的是思考和分析問題的角度、位置、出發點或是價值觀念，不是如何使用互聯網技術的思維。它改變的是商業、社會交往及生活方式中的思維觀念，而非改變人類基本的思維模式。

置身互聯網時代，企業應以積極的態度，將互聯網思維運用到企業生產經營管理的方方面面，包括產品推廣行銷、產品設計、組織架

構、企業文化、人力資源管理、考核機制等。在互聯網時代，顛覆和創新無處不在，只有摒棄原有的傳統營運管理模式，轉向互聯網思維營運管理模式，才能有力推進企業轉型升級，增強核心競爭力，實現企業的持續健康發展。

小米公司僅僅用幾年時間就從名不見經傳的小公司，一躍成為中國智能手機製造商的領頭羊。小米手機由上市首月賣出 1 萬部，到 2014 年全年出貨量 6,500 萬部，獲得中國智能手機市場銷量第一名，而雷軍也被粉絲稱為「雷布斯」。這無疑是近年來中小企業成功的最佳案例之一。小米創下了公司估值最快超過十億美元與百億美元的紀錄。雖然 2016 年，小米的發展不如前幾年迅猛，但是以一家創立五年的公司來說，還是非常出色的。

縱觀近年來的市場狀況可以發現，發展得最好的企業，往往是與互聯網及新經濟相關的，就算傳統經濟，也在向互聯網和相關資源營運手段借勢。很多企業借助互聯網對企業文化進行洗牌和更新。

借用小米公司 CEO 雷軍的話說，在互聯網時代，做企業要有互聯網思維。

互聯網思維的關鍵詞之一就是用戶思維，以用戶為中心考慮問題。過去，企業開發設計產品過於孤立，並未以用戶需求為出發點，雖然產品凝結了設計者的智慧和心血，但客戶未必買帳。而互聯網時代是用戶說了算，設計產品之前要充分瞭解用戶的需求，讓用戶的需求成為產品最關注的一部分，產品才能得到用戶的認可。小米手機在

設計之前就充分調研了千百萬粉絲的需求，於是每次新產品一發售就被搶購一空。

將互聯網思維運用到企業內部管理中，將原來的流程至上、保證生產的思維，轉變成以用戶為中心、以員工為中心的思維。傳統的管理方式強調的是「管」，考慮的是什麼樣的流程、規則、制度等更能滿足管理者的需求。而以員工為中心的互聯網思維方式則是，所有模式或管理機制的設計出發點是員工，充分瞭解員工的需求，從而滿足員工的需求，讓員工方便、快捷、高效、舒適、愉悅地工作從而更願意長久地留在企業工作。

過去，企業認為企業和員工之間是雇傭和被雇傭的關係，企業內部存在森嚴的等級制度，建立嚴格的規章制度來控制員工；而互聯網時代，每個人都可以通過各種渠道發布信息和獲得信息，使得員工可以不再僅僅依靠上級的信息做決策。這意味著管理者的權威下降，員工與企業之間更多的是一種平等和合作關係。另外，互聯網時代強調用戶體驗，而企業中最接近用戶的人是一線員工，一線員工最具有發言權，可以這麼說，互聯網時代裡，是領導聽員工的，員工聽用戶的。

在激勵機制方面，互聯網思維下的獎勵機制應該是，將員工視為合夥人，企業與員工共同承擔風險，共同投入，共同獲利，甚至是個人獲利大於組織獲利。

藍色光標是中國第一家上市公關公司，目前也是亞洲規模最大的行銷傳播集團，市值接近 180 億元。藍色光標是西門子和百度、騰訊等多家大型企業的公關公司，一直隱身其後。隨著它們的上市，以及多場轟動全國的「商戰」，這家公司逐漸在公眾視野中出現，趙文權等 5 個合夥人的曝光度也越來越高。

他們 5 個合夥人被很多人稱為「併購高手」，還被一部分人稱讚為公關業的創新者。

藍色光標創立最初，5 個合夥人的分工並不明確，並且一起通過董事會決定這家公司的發展方向。

公司初創之時，善於策劃的許志平和陳良華被其他人委託制定了這家公司的 3 年發展規劃。藍色光標的 3 年規劃是：第一年利潤 100 萬元，第二年營業額 1,000 萬元，第三年資產 1,000 萬元。

藍色光標前 7 年只做 IT 行業的公關業務。受益於 20 世紀 90 年代末國內互聯網的火熱發展，藍色光標最初的發展很輕鬆。到 1999 年，最初的 3 年規劃全部實現。

在發展過程中，5 個人之間的通力合作，使藍色光標逐漸成為國內最大的公關公司之一，但是分歧也隨之而來。

雖然大家都希望把藍色光標做成功，但每個人都會有自己的想法。

2000 年，互聯網泡沫破碎之後，藍色光標的客戶群體的經濟狀

況集體低迷，收入受到較大衝擊。同時，藍色光標5個合夥人發現，藍色光標規模做大之後，利潤率反倒不如從前。

對於公司如何走下去，藍色光標5個合夥人在董事會上曾有多次爭論。

當時，有合夥人主張開一些更賺錢的小公司，一家一家開，每一家都不大，但是利潤率很高。「從賺錢的角度看這樣最合算。因為公關公司在30~40人的時候是盈利最高的時候。」

開小公司的想法讓部分合夥人有過猶豫，自藍色光標創立以來，其創業合夥人一直堅持「一票否決」，這是他們定的規則之一。趙文權笑道，任何事情，只要有一個合夥人堅決不同意，就得放棄。「這樣的規則避免（通過）某一人因為頭腦發熱而提出的建議。」

趙文權2002年重返藍色光標之後，公司開始調整戰略佈局，不再局限於IT領域。藍色光標業績隨之出現較快增長，2004年營收增長將近100%。

2010年2月26日，藍色光標正式在創業板掛牌交易，5個創業合夥人一同出現在深圳交易所，這是他們第一次在公眾面前同時露面。

上市之後，趙文權經常一個人代表藍色光標出席各種活動。孫陶然認為他是藍色光標的領軍人物。

在過去的17年，藍色光標5個創始人組成的合夥關係頗為牢固。

2008年，為了上市，藍色光標完成股份制改造。趙文權、孫陶然、吳鐵、許志平、陳良華分別持有藍色光標13.06%、12.84%、12.31%、12.25%和12.24%的股權。其後，藍色光標順利IPO，並且不斷利用資本市場進行併購，牢牢坐穩中國公關行業的頭把交椅。

用好新時代人力資源

　　新常態帶來一個很重要的問題，就是新一代企業員工以「90後」為主，而由於經濟週期衰退疊加等因素的影響，中國製造業的黃金時代已經過去。整個製造業和中小企業，都面臨一個前所未有的考驗。最殘酷的說法是，今後3~5年有50%的中小企業可能要倒閉，要退出。從中國的中小企業這麼多年發展歷程來看，一個很明顯的特徵就是出生率高，死亡率也非常高，每年在工商登記註冊的企業不少，但是同樣每年註銷的也不少。在北京中關村，包括浙江一些地方都有數字可查，中小企業的平均壽命大概是兩年多。所以，我在這本書裡專門探討中小企業如何活下來，並且長起來的話題。我個人覺得，企業文化是新常態下中小企業自救與發展的一個重要因素。只有好的企業文化，才能讓中小企業度過寒冬、保存實力、逐步發展，最後得以以一個健康的體魄來迎接下一次經濟增長的高峰，到時候就能夠修成正果，成為有足夠體量與影響力的好公司。

近年來，20世紀90年代出生的年輕人逐漸步入社會並已經成為社會的新生力量，而「80後」員工經過近10年的職場生涯，相當一部分已經成為小有成就的中層或高層管理人員。以「80後」「90後」為主體的青年員工，其文化程度、個人特質、心理需求和價值觀念等方面的特點與他們的父輩有很大的不同。在經濟「新常態」下，企業面臨轉型，青年員工作為企業的中堅力量，應擔負重任，發揮個性特長，善謀善為、創新思維，與企業共同應對機遇與挑戰。這便要求企業重新審視青年員工在企業中的作用和地位，與時俱進，採取措施做好新生代員工的激勵與管理工作，通過各種有效手段深度挖掘青年員工的潛質，構建一套合理有效的激勵機制改變管理舊思維，改變傳統的人才培養機制，推動創新，加快青年員工的人才培養步伐，讓企業煥發活力。

　　青年員工是職場的生力軍，是未來20年或30年裡職場的主要力量，是未來社會資源的創立者和使用者。因此，企業在對青年員工的未來價值有深入瞭解的前提下，需要為其建立相配套的職業發展通道。根據公司價值鏈分析，適當打破公司固有的組織制度壁壘，建立適合青年員工發揮專業素質、能力特長的體系，促使青年員工階段性地、有條理地釋放其潛力，並成為企業發展的重要力量。因此針對性、合理性和長遠性、階段性都要一併進入考量體系，

　　企業可以兼顧足夠的企業職位層次，也要嚴格地區別職業發展通道與職務、崗位職責的關係，為青年員工提供更多的職業發展機會和

空間，避免企業因職位層次過多而導致對職業發展晉升的激勵力度不夠。

公平理論認為，人的工作積極性不僅與個人實際報酬的多少有關，也與人們對報酬的分配是否感到公平有關。企業應該採取多種手段來營造公平公正的氣氛，通過激勵機制創造更大範圍的公平環境，建立讓員工發揮潛力並獲取更大回報的良性機制。這是激勵機制的落腳點，也是激勵機制的最終目的之一。

企業文化是公司最重要的無形資產，企業的管理者重視企業文化建設的表現方式是通過培訓教育來強化企業文化的灌輸。企業對員工的信念和行為方式負責，員工才可能對企業的發展模式與前景負責。因此，企業文化的創新構建要與組織結構、激勵制度和企業行為理念相結合，塑造企業文化精神，進而提高青年員工對企業的忠誠度。

在這一良性循環裡，企業關注員工的成長和未來，員工就會服務於企業的發展和未來。企業打造文化軟實力的本質是為企業自身的發展提供良好的空間和動力。

青年員工在個人特質、工作特點、心理需求和價值觀念等方面的特殊性無疑對企業管理者激勵、管理員工提出了更高的要求。他們中大部分是獨生子女，隨著經濟新常態和互聯網時代的到來，他們日常接觸到的信息和教育讓他們更具有個性，崇尚平等和自由；鑒於獨生子女的特點，他們中相當一部分人享受了獨生子女特有的資源優勢，受教育程度較高，職業期望值較高；他們對物質和精神享受的要求較

高，工作忍受力低，對信息、命令、制度都有自己的判斷；他們自主性強，創新能力強，有強烈的實現自我價值的願望，更強調工作中的自我引導和自我管理；他們消費較高、流動性高、對企業忠誠度低。在文化程度、人格特徵、對工作的認知、生活態度與生活方式、工作期望等方面，青年員工與老一代員工截然不同，他們更加重視自身合法權益的保護，追求公平和正義。

為了提高員工的工作滿意度與忠誠度，更好地激發青年員工的個性特徵優勢，彌補他們的不足，企業必須通過一定手段使他們的個人目標和組織的績效目標相結合，並讓他們參與到目標的制定過程中，通過目標管理來引導他們為達到組織的目標而努力。

根據美國心理學家馬斯洛提出的需要層次理論，人的迫切需要是激勵的出發點。一種需要得到相對滿足之後，就需要更新的動力來激勵行為，這時另一種需要就會產生，於是需要新的行為來滿足這種需要。企業可根據這一理論分析不同階段員工的基本需要，為員工設計相應的培訓和職業生涯發展規劃。以合理的績效評價機制讓員工清楚認識到自己的不足之處，員工通過企業提供的培訓和自身的學習，有針對性地進行自我能力完善。通過績效評價機制，企業可以通過促成員工的個人目標的實現而間接促進企業目標的實現，具體執行要側重以下幾個方面。

培訓可以更好地激發青年員工的個性並加以有效利用。企業需要認識到，青年員工有其固有的個性，但可以通過一定的規範使其摒棄

不適合企業要求的部分，發揮可以為企業創造更多利益的部分。培訓便是實現這種規範的一種很好的手段。青年員工可以通過培訓瞭解企業的需求和自身特質，也可以在培訓中學習新的管理方式、思維方式、工作技術。

培訓是一種投資，企業千萬不能讓培訓流於形式，也不要因為生產任務重等原因而忽視了對青年員工的繼續教育與培訓的重要性；相反，企業應樹立正確的觀念，不要期待培訓可以使青年員工的職業技能與業績突飛猛進，更不要抱著用一場或者一定週期的培訓就能讓員工對企業忠心耿耿。也許有的培訓課程和培訓中涉及的知識可以被員工馬上使用到工作崗位上，但是有一些可能在很長時間內都無法和生產實踐相結合。但這並不代表培訓沒有意義，因為這些知識會在員工的頭腦中留下較深的印象，條件成熟時，他們就會結合自己的能力，運用這些知識。

而培訓就需要制訂一系列具有針對性的行之有效的培訓計劃。企業可以根據自身的條件和青年員工的特徵來確定相應的培訓內容和方式。比如鼓勵青年員工參加相關的展覽展會；與有意願提升自己技術、有上進心的青年員工一同制訂職業發展計劃，並將階段性的培訓落實其中；對於個人能力強、對企業忠誠度高的青年員工，可以專門配合以優待方案，開設管理輔導課程，甚至可以送一部分員工參加繼續教育；對於表現好的生產一線的青年員工，可以通過休假和培訓結合的方式，以培訓彌補其管理能力的不足，以休假獎勵其卓越表現，

並將這種獎勵式培訓作為對儲備管理人員的激勵措施,可以開設管理課堂,利用案例分析法、工作模擬法、角色扮演法等培訓方式來提高管理技術崗位的青年員工的管理能力。

培訓機制既要涵蓋全局,也要顧及細節,因此制訂計劃前應對青年員工的培訓需求做定期調查,深入瞭解青年員工的技術、知識和能力現狀,以便制訂出符合企業發展要求和彌補青年員工知識能力缺陷及有利於特長發揮的個性化的培訓計劃。

面談非常重要。青年員工在成長的過程中,一般都受到父母、學校等多方面的關注。如何把關注變成激勵和監督,是企業需要考慮的重要問題。

青年員工還在成長階段,因此對於青年員工來說,企業有時候是第二個學校。企業的管理者有必要在適當的時候充當師長的角色,而面談無疑是最簡單有效的幫助青年員工成長的方式。面談可以是涵蓋工作過程的面談,可以是績效考評後的面談,可以是工作調動的面談,也可以是入職或離職的面談。

面談的目的在於通過與青年員工的溝通瞭解,激發青年員工工作的積極性,提高青年員工的工作績效,從而促進企業戰略目標的實現。因此,企業的管理人員應該建立正確的面談觀念和有效的面談目標,在這一前提下,進行相應的準備工作,比如根據考評結果,將被考評者分類。這樣的分類能提高面談的針對性和面談效率。面談時全面解讀績效考評結果,能夠使員工更加深刻地瞭解自己,更加全面地

瞭解企業，增強員工的自我認識，並為激勵機制提供有效的信息和方法。

對於面談中發現的青年員工的問題，企業要有一定的解決和反饋機制，讓問題得到解決。同時績效管理人員應對面談對象進行跟蹤觀察，及時瞭解面談對象的工作動態，並從中提煉出面談效果和面談目標達成程度的信息。面談後的跟蹤觀察是有效鞏固面談成果的重要工作，也方便日後為修訂企業面談機制和績效管理機制提供參考依據，並可以幫助員工解決問題，也意味著間接幫助企業解決問題。青年員工頭腦靈活、觀念開放、學習能力強，日常關注的信息新銳而且多元化，接受新事物的能力較強，他們經過一定時間的學習就可以掌握一種全新的技能，因此無論是興趣愛好還是個人能力都有極大的可提升的空間。也有一些青年員工，自己所學的專業和自己的興趣愛好並不完全一致，讓其從事與專業相關的工作固然是有效的選擇，但是可能帶來另外的問題，給其機會使其發揮特長從事感興趣的工作可能會有更好的收益。這對於企業來說是不可多得的潛在資源。所以建立青年員工輪崗機制是優化人員結構、滿足「一專多能」的合理選擇。

經濟的發展尤其是新經濟的興起導致企業組織結構日益扁平化。企業需要選拔一批有才能、有夢想的青年管理者。企業可以通過輪崗制和階梯式的晉升制兩種方式，雙管齊下激勵員工。而從員工的角度，不同的工作經歷可以累積豐富的經驗，工作內容的增加和工作範圍的擴大會使員工擁有更大的決定權、承擔更大的責任、得到對職業

生涯發展更有幫助的培訓機會，這也是一種激勵。到更有前景或是更具有吸引力的崗位上工作和發展，增加工作的新鮮感和挑戰性等，都是激勵和留住人才非常有效的手段。

建立科學的員工輪崗制，著力培養知識技能兼備的複合型人才，有利於儲備和造就一支結構合理、素質全面、業務精通的人才隊伍，這樣的隊伍對企業來說就是具有戰鬥力的資源庫。因為這些員工是企業培養出來的，因此他們在根植企業文化的同時也能適應企業發展的需求，對企業來說他們就是核心競爭力。

所以，對於新進員工，要實行全面輪崗實習，不管該員工今後在生產一線還是在管理崗位，進入公司後首先要在企業各生產部門進行基層輪崗，在1年內全面瞭解企業生產流程、工藝、技術等各方面內容，同時瞭解自己的真實能力和需求，為員工找到真正適合自己的崗位提供機會。對於企業來說，在輪崗過程中，適時輔導並跟蹤新進員工工作動態，及時掌握一手訊息，客觀瞭解新員工的個人特點，並準確地判斷員工更適合哪個領域的工作，做到人盡其才、才盡其用。這樣可以讓企業的人力資源價值被最大限度地挖掘和使用。

所以，企業需要針對輪崗目標、輪崗計劃、輪崗資格、輪崗年限、輪崗比例、考核標準、績效掛勾等青年員工關注的問題，制訂合理的輪崗計劃。企業管理者則需要提供輪崗風險評估及輪崗工作協調機制等一系列具體實施辦法，以方便輪崗工作的順利開展。輪崗制度中尤其重要的是，要讓輪崗員工對新的工作環境和業務有所瞭解，補

充新的知識，鍛煉新的能力，還可通過同事、前輩幫扶讓青年員工更好地服務輪崗崗位。

對於中小企業來說，先找最需要的人才，給盡可能好的條件。如果這些人還不願意來，就找有潛力的年輕人去培養。而培養，需要技巧，需要耐心，還需要方法。

得年輕人者得天下，得企業文化者得年輕人。

所以在本章結尾非常誠意地提醒各位，一定要抓住企業文化這個核心問題！

第五章

中小企業如何進行企業文化建設

企業文化是「以人為本」為特徵的現代管理方式，實行文化管理是保證企業健康可持續發展的重要手段。不斷有企業家領悟到：三年企業靠產品，五年企業靠領導，百年企業靠與時俱進的企業文化。

　　一個企業，想建設企業文化，首先需要時刻思考這樣一些問題：

　　企業生存和發展的目的是什麼？

　　企業的最終奮鬥目標是什麼

　　產品如何被人們接受？

　　如何製造出最好的、最有競爭力的產品？

　　怎樣把最好的人才集中到公司裡來，並最充分地調動他們的積極性？

　　如何凝聚戰鬥力，以團隊的力量去戰勝一切困難？

　　每一個企業管理者都應該問問自己：「這些問題，對於我的企業及我個人意味著什麼？」把這個問題考慮清楚之後，再問：「我的企業應採取哪些行動，才可以打造出真正的企業文化來？」

　　回答這些問題並付諸行動，可以體現出企業文化的力量，而擁有這種力量，可以推動企業管理者在不斷變化的環境中保持清醒的認識，讓企業運行在正確的軌道上，並保持優越的競爭位置。

　　標準普爾500指數中的公司，羅素3,000指數中的公司和《財富》雜誌前100「員工最佳待遇公司」，從它們1994年至2013年的股市行情交叉對比來看，其中員工有著最佳待遇的公司的股價穩定上漲，帶給投資者的回報率高達11.8%。21世紀什麼最重要？人才！

與員工有著相互信任的公司，也就是有著優秀企業文化的公司，這種文化和信任本身就是生產力，因而能在資本市場上獲得對應的高估值。

決定經濟向前發展的並不只有財富500強，他們只決定媒體、報紙和電視的頭條，真正在GDP中占較大百分比的還是那些名不見經傳的創新型中小企業。真正推動社會進步的也不是那幾個明星式的CEO，而是更多默默工作著的人，這些人也同樣是名不見經傳，甚至文化程度和身家背景都很普通，這些人中，有經理人企業家，還有創業者。

理論上來說，企業文化建設是企業的一項長期性重要工作。企業文化建設必須融入生產經營中，企業文化才有生命力；企業文化建設必須體現企業特點，企業文化才有實際效果；企業文化建設必須以先進的文化為引領，企業文化才能與時俱進，有一個正確的發展方向。但是，要做到談何容易呢？

所以，企業家們，還真得有堅持不懈、持之以恒的精神和態度，不斷推進企業文化建設。目標不是命令，而是一種職責或承諾。目標並不決定未來，只是一種調動企業的資源和能量以創造未來的手段。

現實中，我們有些企業在建設企業文化的時候走入了誤區，熱衷於搞形式。喊喊口號、標語上牆、統一服裝、統一標志並不是完全意義上的企業文化。有效的管理者需要的是決策的衝擊，而不是決策的技巧；要的是好的決策，而不是巧的決策。企業文化是企業在長期經

營實踐中發展起來的，它借助於企業一次次的成功經驗得以鞏固，並經過企業經營者堅持不懈地發展和企業員工的積極參與，才逐漸沉澱累積而成。因此，建設企業文化不能一蹴而就，要打造優秀的企業文化，就要做好打持久戰的思想準備，對文化建設常抓不懈。這樣，才能在企業文化建設上取得更多的成果、更大的建樹，為企業的發展提供源源不斷的智力和文化支持。

有時候，不一定都是世界級的企業才能有自己的企業文化系統。企業所處的發展階段不同，生產技術的發展程度不同，經營觀念不同，欲達到的目的不同，企業文化的層面也不同。例如，對人才的要求就是百花齊放，不同企業需要不同類型的人才。海爾的人才觀是「人人是人才，賽馬不相馬」。西安楊森追求的是「鷹雁精神」，倡導員工做搏擊長空的雄鷹。東信藥業根據公司的特點，為充分發揮每一個人的作用，為讓員工的智慧充分表現出來，在人力資源的發掘與運用上建立「勝任即材，創新成才」的人才理念，解決了員工發展徘徊不前的問題，讓每一個員工在不同的崗位和不同的工作情境下，充分發揮各自的才能，群策群力，協作共進，解決研發及生產過程中的技術難題，完成各項工作任務。力克醫藥的「人人皆可成才」打消了所有行銷人員的顧慮，倡導行銷人員潛心學習、取長補短、開拓奮進，使行銷隊伍的整體素質得到空前提高。

文化要有內涵、實施要有方案

企業文化是一種無形的力量，如同精神。企業要有自己的企業文化就像一個人要有自己的精氣神。企業的所有者或者管理者，不能因為在短期內看不到利潤的產生就不重視企業文化，也不能因為無法馬上看到明顯的效果，就認為企業文化是無用的。企業文化就是在這些所謂的「無用功」的作用下，潛移默化產生的。

企業文化需要積澱，需要時間，需要全體員工尤其是領導們的實際踐行，企業文化是提升企業執行能力、企業軟實力和團隊建設的重要手段。建設企業文化必須從上到下地執行，需要企業管理層首先參與進來，再層層帶動推廣到各個階層的員工中。

大多數中小企業處於產品經營的起步階段，現實狀況是為生存而思考。今天市場上赫赫有名的大企業都是從當年的小企業發展而來的，在激烈的市場競爭中成功突圍，在產品、管理、制度等方面的水準都相當的前提下，那種促使他們從小到大，由微而強的基因，並不

是先知先覺的超能力，而是企業文化。

建立共同願景，讓員工非常明白為公司的目標奮鬥就是為自己的夢想拼搏，完成公司的階段性計劃就是他實現夢想不可或缺的步驟，讓員工的個人夢想和公司的目標進行融合和嫁接，是實現公司利益最大化的方式，也是服務員工最有效的途徑。

企業文化，是企業成員共同的價值觀念和行為規範。前面四章，我們圍繞理論做了很多探討，但是刪繁就簡，一步到位來說，企業文化的本質，其實就是一種管理思想和方法。早在 2005 年，中國企業家調查系統就有針對性地做了一項問卷調查，有 2,881 位企業經營者作為調查對象，結果顯示有 60.1% 的人認為「企業文化是企業發展到一定階段才形成的」。但是在接下來的這十幾年裡，這一認識已經在實踐中被改變了，因為在大量新興的互聯網公司中，企業領導者從一開始就用企業文化有意識地對員工加以引導。這說明企業文化從創業之初甚至創業之前就已經定下雛形和方向。

新興企業對於企業文化建設的重視，表現為企業剛剛起步的時候就用企業文化對團隊和企業氛圍進行引導和塑造，恰好反應了新興的企業家群體雖然可能年輕，但是在某些方面非常成熟。為此我們可以借助他人成功的經驗，在批判和摒棄不恰當、不正確的方法和經驗的前提下，總結和梳理出適合中小企業、新興企業的企業文化建設的相關成果和方法，讓中小企業領導人和從業者都可從中獲得信息和幫助。

首先我們來看一個典型的中小企業崛起的案例。美國西南航空公司常年推廣低價營運，開始的時候就有同行競爭者及行業之外的研究者預測，這種「不靠譜」企業很快就會倒閉。但是美國西南航空公司發展至今，不僅運轉良好，而且日漸壯大，成為商學院哪裡的經典案例。縱觀報紙、雜誌等媒體進行的大量跟蹤報導，可以發現美國西南航空公司有一種奇特的能力：即使飛機晚點或者其他不便利的情況出現，乘客們竟然可以理解。為什麼？因為乘客們永遠可以看到，美國西南航空公司有一群非常友善、精力充沛的員工，他們一直都在無休止地致力於為客戶解決問題，而且公司的管理層也以身作則。所以乘客們看到乘務人員包括中高層管理者都在竭力解決問題，於是大多數都會體諒「他們已經竭盡全力」。

這種有趣的現象產生的根源在於：美國西南航空公司的理念是，乘客是重要的合作夥伴，儘管是低價航空，也要給乘客更周到的服務體驗。在工作的過程中，企業的領導者首先堅信並執行這一點，然後以身作則，每個人都致力於讓乘客擁有低價但是不打折的服務體驗。人心都是肉長的，久而久之，乘客自然能夠體會到其中的誠意與苦心。

因為這種價值觀，美國西南航空公司對於員工的招聘和培訓也有一套看似「叛逆」的做法，它不像大多數公司那樣，花費大量的時間和精力來尋找最優秀、最聰明、最有天賦的員工，而是把精力集中在幫助員工認可自己的工作、發揮自己的潛力上，幫助員工在自己的

工作中找到適合自己的、能讓自己做得更好的發展機會。

由此可見，企業文化得以落地生根並且發揚光大的最重要的一點，不僅僅在於提煉出企業文化的理念，也不僅在於全體員工是否完全理解這種理念，也在於如何讓員工在工作中認可企業文化且具體執行下去。

企業文化的作用對象，首先是企業全體員工，它是全體員工的價值觀念、共同意識、規章制度、行為標準、道德規範的總和。企業通過各種方式，例如宣傳、培訓、教育、文化娛樂活動等，力求將全體員工的價值觀和行為規範統一起來，激發團隊意識，增強團隊凝聚力。

共同的價值觀能產生巨大的力量，當員工的價值觀與企業達成一致時，員工的觀念會從「為企業工作」轉變為「為自己工作」，就像上文的美國西南航空公司的案例說的那樣，原本受制度約束的行為會變成員工的自覺行為，甚至會超越規章制度的要求，更好地完成工作任務。這就是以價值觀為本的組織控制。

只有將企業價值觀變成員工的一種自覺行為，融入與員工息息相關的工作和生活，才能實現從心的一致到行的一致，實現理念與行為的統一，最終為企業、為社會創造更多價值，讓企業文化和員工價值觀融合在一起是企業最關注的和最需要從細微處解決的問題。

放長線、釣大魚——建立整體性的行為規範

沒有規矩不成方圓，尤其是中小企業，起步之初，面對來自五湖四海、素質參差不齊的員工的時候，要讓企業文化具體落實到員工的日常行為中，建立員工的行為規範很重要。

員工行為規範是塑造、規範員工言行舉止和工作習慣的標準，員工行為規範的制定應該以企業文化為導向，以企業價值觀為基礎，這樣的行為規範才容易被員工認同和遵守，也有利於企業文化的具體實踐，使企業文化與員工形成合力。

制度是一種強制性的約束力，是企業文化落到實處的保證。要使企業文化外化於行，企業還需要提升執行力，沒有執行力，再合理、再完善的制度也是空談。制度被有效地執行，企業文化才能真正落實到員工工作和生產經營上。

現在的管理者和相關規範制定部門普遍明白，職工的行為規範和如何穿衣，梳什麼樣的髮式固然相關，但是絕對不能囿於這種表面，

最重要的是要使企業文化理念和管理規章制度深度結合，行為規範是體現企業文化的一種途徑，而不代表行為規範就是企業文化。在這一基礎上，想實現企業文化的制度化，最直接和簡便的方式是員工在理解和認可企業文化之後，堅決執行相關的行為規範，即：養成良好的符合文化要求的行為習慣。

所以員工行為規範的設置和執行要完成以下幾個方面的工作。

第一，根據企業實際情況制定員工行為規範，任何職位和任何工作流程上的細節，都力圖標準化、可量化。例如，沃爾瑪對員工微笑的量化標準是露出八顆牙齒，這個其實很實用。中國不少服務業機構就直接套用了類似的規定。

第二，執行制度要固定化。在執行制度的過程中，通過長期約束、反覆激勵和故事傳播等，員工和企業會形成共有的習慣，包括行為習慣、思維習慣、共同價值觀等。而習慣與文化密切相關，良好的習慣孕育著優秀的文化。

第三，構建日常行為獎懲機制，對日常行為的「不可以」和「應該」做出嚴格的區分，而且從理念到行為細節都要說明白。1958年，日本出抬了一項規範公共秩序與公共健康的法律——《輕犯罪法》，將影響公共秩序的事項定性為輕犯罪。這些輕犯罪事項包括排隊插隊、在出租車內嘔吐、隨地吐痰、隨地大小便、爬電線杆、違規倒垃圾、乞討，等等。這對於日本人的整體素質的提升起到相當大的作用。雖然半個多世紀過去了，但是成效依然顯著。今天的中小企

業，仍然可以參考這種形式，對員工「不可以做的行為」做出適當的規定。

同樣，在員工行為規範中，更需要鼓勵員工去做「應該做」的事情，應該做的事情不僅包括「想做，願意做」的事情，還包括雖然不想但是仍舊「應該做」的事情。比如出於理性、優良的品質、社會公德，和人性的善意該做的事情。這就需要給出相關的範圍和規定並加以鼓勵。中小企業的管理者，要有這樣的意識，還得有配套的推動措施。

比如銀行既是金融企業，又是服務型行業，具有一定的社會服務責任。因此有的銀行規定，在銀行門口幾米的範圍內，遇到老人摔倒等情況，在沒有其他社會資源和社會成員能夠提供幫助的時候，銀行的員工是「應該」去幫助的，而銀行也會購買相應的保險以確保相關的賠付工作由保險公司承擔，並以合理的取證方式為員工解決後顧之憂。這不僅鼓勵了優良的社會行為，也加強了銀行和居民的聯繫，提高了銀行的滿意度和美譽度。

行為形成習慣，習慣決定性格，性格決定命運，而員工命運和企業命運緊密相連。企業文化很大程度上會反應到員工的性格和氣質上，企業文化落到實處的過程，既是企業文化夯實基礎的過程，又是企業文化戰略前瞻的必要選擇。同樣，員工的形象、理念氣質和生活觀念等諸多因素也體現了企業的文化。所以從某種程度上來說，員工的性格就是企業文化實現和表達的橋樑。企業文化的執行和落實可以

和員工的性格進行培植和嫁接。

愛因斯坦曾說：「智力上的成就，在很大程度上依賴於性格的偉大，這往往超出人們通常的認識。」那麼，如何培育員工的良好性格呢？培養員工的責任心，使其自覺自主地做好職責內的事情，清楚自己該做什麼不該做什麼，這是培養好性格的入手點；引導員工經常審視自己的心態和工作狀態，幫助他們矯正心態和行為之間的偏差；幫助員工提高工作熱情，在工作中發現和認可自身的價值，並在工作中學會做人。

員工的行為方式會受到很多因素的影響，而且不同行業、不同崗位的員工，影響其行為方式的因素各不相同。例如電力企業的一線作業員工，經常倒班、高空作業，作息不規律和惡劣的工作環境都會對其心理產生影響，進而影響其行為；高科技企業哪裡，具有超常智力的人卻有社交短板，有的優秀員工無法接受批評。再比如有的人就是擅長合作而另外的人就是不擅長合作；單親家庭和多子女家庭出來的新一代員工的個性各有不同，有的人孤傲，有的人卻熱衷於冷笑話……所有可能存在的差異都會導致性格不同，進而影響其行為方式。因此，在引導員工行為方式的同時，也要關注員工的心理健康，加強心理健康教育，加強對員工的人文關懷，針對不同的壓力源，採取相應的疏導方法，幫助員工排解壓力。

重體系，人性化才能落地

　　企業文化建設的關鍵一步，是要解決落地問題。落地的重要途徑是企業文化建設必須同企業的生產經營相結合，在生產經營實踐中，形成重要的精神成果和物質成果，再進一步指導企業的生產經營活動。

　　塑造企業文化是一個需要長期努力的過程，最忌諱三天打魚兩天曬網，五分鐘熱度。這就需要企業領導堅持不懈，長遠地、系統地加以規劃，要重視整體制度的設計和人力資源制度設計，因為有了制度規範，才能形成文化習慣。對文化建設，領導要以身作則，對雇員的人文關懷要始終如一。

　　人是企業文化的主體，是精神財富和物質財富的創造者。人除了物質方面的追求，還有精神方面的追求。文化是員工精神世界的重要組成部分，體現了企業文化在企業發展中的重要作用。

　　企業文化的形成與企業發展密切相關，從起步階段的生產產品，

到開拓屬於自己的經營市場，企業在不斷壯大。縱觀那些歷史悠久，發展卓越的企業，在企業文化方面大都具有人性化的管理制度。

通常意義上的人性化管理是指企業以關注員工的需求為基礎，尊重員工的想法，努力在企業內部達成統一的價值觀念，從而使企業發展方向與員工想法一致。

企業的管理不僅僅需要資本主義黃金時代泰羅制式的科學管理，更需要不可或缺的人性化管理。在技術日益進步的當下，後者的管理方式才能給企業帶來更大的價值和更好的發展前景。員工既是企業管理的主體，也是企業發展的核心力量。員工作為擁有獨立生命個體的人，受到多方面因素影響，企業文化也是影響因素之一。如果企業對員工進行人性化管理，滿足他們的不同需求，員工自然而然把自己當作企業的一部分，工作態度更加積極，也會更加努力。

在曾經因漢唐文化而受益匪淺的日本，很多企業將人性作為企業文化的重要組成，以增強公司員工的整體凝聚力，提升員工的工作效率。中國古代教育家孔子「己所不欲，勿施於人」和「己欲立而立人，己欲達而達人」的仁愛思想反應了儒家對人的本性的理解。它是因人的血緣親情而形成的一種內心感情和自覺的道德意識，並且以此推及社會人群，從而產生的人際倫理關係的道德準則，其本質就是愛人、關心人、尊重人。

企業在文化中加入重人性的因素，不是表演作秀，也不僅僅是在企業管理上更加注重員工的需求，還要在企業管理中充分注意到

員工的能力和特長，選擇合適的方法激發員工的工作潛能。例如，企業可以給優秀員工一定的物質激勵和精神激勵，給員工提供成長的機會——企業出資讓員工接受相關的培訓，提高員工的工作能力，等等。

今天，企業的成功越來越多地源於高效的企業文化管理。例如，在全球擁有最多咖啡連鎖店的星巴克公司，其價值觀是：「我們對待員工的方式，影響員工對待顧客的方式，而顧客如何對待我們則決定了我們的成敗。」公司為此設計了大量的人力資源管理措施以強化員工被重視的感覺。

對於每一個企業來說，企業文化的課題是把企業成員的變化、消費者的要求、內外環境的挑戰同企業的目標結合起來，以增強自身在市場上的競爭力。因此，每一個企業都應具有自己與眾不同的企業文化，都應具有各具特色的企業目標、價值觀體系、行為準則、經營管理原則，等等。

著名的前英國首相撒切爾夫人說過，「你的信仰決定你的想法。你的想法決定你的話語。你的話語決定你的行動。你的行動決定你的習慣。你的習慣決定你的價值觀。而價值觀，決定你的命運」。

企業文化是領導者做決定時的重要依據和標準；企業文化是雇員衡量企業價值的標尺，某種意義上為團隊的穩定提供了保障；同時企業文化提供了信任基礎，對企業文化的認可是團隊間互相信任的基礎；企業文化也為團隊提供了一個什麼事情可為、什麼事情不可為的

標準。這對於營運一個團隊來說非常重要。

在華為的成長中發揮巨大作用的制度是華為「基本法」。它 1995 年萌芽，1996 年正式定位為華為的「管理大綱」，1998 年 3 月審議通過。

1994 年 11 月，華為從一個默默無聞的小公司一躍成為熱門企業。視察過該公司的各級領導都稱讚華為的文化好。幹部員工也常把企業文化掛在嘴上，但到底企業文化是什麼，誰也說不清。於是，任正非就指派一位副總監與中國人民大學的幾位教授聯繫，目的是梳理華為的文化，總結成功的經驗。最後成形的華為「基本法」共分為六大部分一百零三條，不僅對於核心價值觀、基本目標及價值分配等重大問題有清晰界定，連研究發展、成本控制到危機管理也都有了具體而細緻的說明。可以這麼說，一個新員工只需要按照這本手冊去落實，就能按部就班、一步步成長為一個合格的華為人。

這期間華為也經歷了巨變，從 1995 年的銷售額 14 億元、員工 800 多人，到 1996 年的銷售額 26 億元，到 1997 年的銷售額 41 億元、員工 5,600 人，到 1998 年成為員工 8,000 人的公司。可以說，沒有華為「基本法」，就不會有後來的千億華為與五千億華為！

從另一個角度來說，企業文化還為企業提供了所需要的員工的標準。如果一個企業有明確的企業文化和核心價值，有助於確定什麼人適合加入這個團隊，什麼人不適合和這個團隊在一起。例如，阿里巴巴集團招聘的時候，在面試的最後一個環節會有一個可能級別不高但

是很資深的阿里員工參與，他負責對新職員「聞味」，觀察應聘者身上有沒有阿里巴巴所需的特質。發軔於上海的綠地集團，選擇人才的時候更看重應聘者對於綠地強調的「背影文化」與「永不止步，永不滿足」精神是否同頻共振。

企業文化在團隊成員的甄選及人員招聘中會以各種有形與無形的方式指導和規範著相關工作。在這個過程中，明確的企業文化和被這個文化所凝聚起來的團隊將會擁有無與倫比的軟實力。

近年崛起的共享經濟獨角獸公司愛彼迎（Airbnb）在創始之初，其創始人一起合租房子，由於大家手裡的錢不夠付租金，又恰好附近在召開一個國際峰會，導致周圍的酒店供不應求。於是這幾個年輕人腦洞大開，趁這個機會利用現有的房子和床鋪開個小旅館賺點小錢。

像很多後來有機會成為偉大公司的企業最初只是來源於一個創意一樣，Airbnb靠這個創意賺取了第一桶金，並通過不斷複製將業務做大。一個能提供他們房租和基本生活保障的小公司逐漸成長起來，新的問題產生了。相比創建一個完美的產品，他們把建設一個優秀的團隊作為當務之急。

在創業之初的2008年，三個創始人通力合作，一天工作18個小時，一起吃飯，一起健身，一週七天無休。他們在這種緊密聯繫的環境中建立了親密而信任的關係。其中一個創始人曾做過一個比喻：可以把創始人想像成父母，把公司想像成他們的孩子。孩子的行為會依據父母的關係而改變。如果父母不能夠通力協作、努力經營的話，孩

子會表現出各種糟糕的品質和行為。想要讓企業文化有凝聚力，就必須把團隊團結起來幫助企業高效運作。那麼，公司如何在殘酷的市場競爭環境中存活下去呢？他們重點關注了蘋果、亞馬遜、耐克等大公司，他們發現這些公司都有自己的核心價值、信仰，這樣的公司往往發展得更好。於是，在還沒有雇員的時候，他們便開始有意地設計自己公司的文化。

很多人認為 Airbnb 只是一個在全球範圍內為人們預訂旅行時需要臨時居住場所的公司。Airbnb 認為，這的確是他們所做的事情，但這不是他們的使命，他們的使命是為全世界的旅行者創建交集，為客戶提供獨特的歸屬感，讓客戶無論在世界哪個地方都能感受到他們的服務。

他們經常對外講這樣一個故事來闡述 Airbnb 的使命。有一天，Airbnb 的一個屋主的家門口發生了暴亂，第二天，他的媽媽打電話來詢問情況。而有趣的是，從暴亂發生到他媽媽打電話給他的二十四個小時裡，之前通過 Airbnb 項目住過他房子的客人中已經有七位打來電話問候他，也就是說他的客人比他媽媽更早打來了慰問電話。Airbnb 的創始人說，這個故事講的正是他們的核心價值所在。

Airbnb 招聘第一個員工用了六個月的時間，因為他們認為第一個員工就像企業的基因一樣，會成為以後所有員工的模板，一個團隊的成員需要多樣化的年齡、學歷、背景等，但是不需要多樣化的價值觀和信仰。員工的價值觀和信仰要和企業一樣。

在之後的招聘中，他們要求應試者的必須具備的特質是對於 Airbnb 理念的認同，不希望雇員留下僅僅是因為待遇好，或者辦公環境舒適，或者是僅僅需要一個工作養家糊口，而是希望能夠雇傭到真正喜歡這份職業，對此有信仰、有使命感的人。因為只有有共同使命的人一起努力，才可以實現 Airbnb 的理念。

Airbnb 的創始人經常在面試時問很多瘋狂的問題，其中一個最常問的問題是：如果你的生命只剩下十年，你會選擇這個工作嗎？他們希望通過這個問題選出真正認同 Airbnb 理念的人。

Airbnb 的核心價值觀中還有一點非常重要，就是不輕言放棄，用創意解決問題。這源於他們在初創時期遭遇的挫折。公司剛成立的時候，他們四處宣傳自己的創意，見了很多投資人，但是都被拒絕了，沒有人願意投資，投資人覺得他們的想法太瘋狂了，不會有人願意住到別人家裡。

為了籌集資金，他們幾個一窮二白的年輕人把手裡所有的信用卡都用上了，在公司草創之初便背上了沉重的債務。而且，創業的第一年，業績慘不忍睹，每天只有一百多人瀏覽他們的網頁，只有一兩個人預訂。

業績如此之差，公司該如何發展下去？這個時候，他們又有了一個瘋狂的想法——為民主黨和共和黨的全國大會提供 Airbnb 的服務，並針對民主黨和共和黨製作了奧巴馬主題早餐和麥凱恩上尉餐。當時他們沒有錢，不得已四處尋求幫助，最後一位好心的校友贊助了他

們。接著，他們把創意早餐發給媒體，幾天後便在全國範圍內出現關於他們早餐的報導。

當時，通過創意早餐他們獲得了 4 萬美元的收入，而住宿項目僅帶給他們 5,000 美元的收入。一些朋友甚至調侃說：「你們現在該改行賣早餐穀物了嗎？」當然，後來的 Airbnb 漸入佳境，成為共享經濟的代表之一。2017 年 3 月，Airbnb 完成新一輪逾 10 億美元的融資，公司估值約 310 億美元。

Airbnb 的創始人認為，受限的環境能夠激發他們的創意，遇到困難時，要用創意竭盡全力去解決，而不是輕易放棄。後來他們把這種精神融入公司的核心價值中，而且讓每一個員工知道，如果不努力、不在乎自己所做的事情，那麼就不應該出現在這裡，Airbnb 的每一個成員不僅要熱愛自己的工作，也要能發揮創造力。

Airbnb 的創始人說，未來，Airbnb 也許還在提供預訂住所的服務，也許會有一些新的方案，但是他們的理念和文化不會改變，這樣才能夠使這家公司長久營運下去。

重內涵，個性化才能走得遠

　　赫赫有名的索尼公司，在闡述反應其信念的公司綱領「索尼之魂」時，第一句話便是「索尼是開拓者」，表現出絕不走別人走過的路的決心，緊接著寫道，「永遠向著那未知的世界探索」，強調其遠大目標。在這一遠大目標之下，「開拓者索尼把最大限度地發掘人才、信任人才、鼓勵人才不斷前進視為自己的唯一生命」，以人為中心開展一切工作。

　　松下電器產業公司的企業文化內涵十分豐富，但其中最具特色、給人留下最深刻印象的，莫過於其獨特的「自來水哲學」。早在松下電器產業公司建立之初，其創始人松下幸之助就以自來水的供給為例子，生動地闡述了他創辦企業的宗旨及經營理念——松下公司所生產的產品，首先要價格便宜，廣大消費者能買得起；其次要貨源充足，滿足市場的大量需求，就好比日常生活中不可或缺的自來水一樣，既價格便宜又源源不斷。按照松下的企業哲學，那就是社會培育了企

業，企業應該滿足社會的需要，與此同時，企業也將得到社會的回報。

在日本，像這樣利用獨特的企業文化，通過堅持不懈的努力，不斷提高和鞏固企業口碑，以鮮明的、個性化的企業形象而立足於社會的成功例子不勝枚舉。

企業文化是從企業中提煉出來的，企業文化是源於企業且高於企業的。提煉企業文化本身並不容易，更不容易的是把企業文化落實到企業的生產經營中去。能否長期堅持做到這點，直接影響企業的經營管理水準的高低，影響企業能否發展壯大。

文化建設需要全體員工的共同努力來實現，反過來企業文化又可以影響員工的價值觀，統一員工的行為。同時，文化是可以再造的，也是可以提升的。

提煉—普及—執行—提升—進化，是企業文化的發展歷程，也是文化「從企業中來，服務於企業」的過程。

企業文化是企業全體員工在長期的生產經營中培育形成並共同遵守的最高目標、價值標準、基本信念及行為規範，是企業理念文化、物質文化和制度文化的複合體。因此，企業文化建設是一個持續深入的過程，並不是喊喊口號就能完成的。

企業文化應該是全體企業員工都認可的價值觀，同時也是和員工的利益息息相關的價值理念。企業文化需要管理者和全體員工共同努力參與建設，才能逐漸形成，而不是簡單地在牆上張貼「以人為本」

「求實創新」之類的口號或者各種勵志標語，也不是讓員工一大早就在公司大廳或門口喊振奮人心的口號。事實上，這些浮於表面的做法，在中國企業之中經常出現。不僅僅是中小公司，就連一些行業巨頭也犯了這方面的錯誤。一些管理者在建設企業文化時往往通過「灌入」的方式，比如通過走隊列、瘋狂舞蹈等「洗腦」的方式來塑造企業文化，甚至很多企業脫離企業實際情況，建設與企業生產經營不相符的企業文化。這些做法脫離了員工需求和企業實際而無法得到認可，甚至會導致員工心理上和行為上的排斥。這種情況比較多地出現在勞動密集型產業中。例如，富士康雖然規模很大，生產水準很高，但是因高強度、高壓力引發的各種問題，都是企業文化有問題的表現。

相比之下，高科技企業的企業文化內涵相對更豐富一些。在硅谷的眾多企業哪裡，信奉「只有偏執狂才能生存」的英特爾總裁安迪格羅夫，不斷鞭策員工，「創新是唯一的出路，否則競爭將淘汰我們」。「我今天就要打敗你，我不睡覺也要打敗你，這是我們的文化」。這種「狼性」的企業文化確實是英特爾得以成為芯片絕對巨頭的內部動力。

「新經濟時代，不是大魚吃小魚，而是快魚吃慢魚。」這句經常被引用的名言是美國思科公司前任總裁、現任董事會主席錢伯斯說的。作為在殘酷的市場競爭中生存下來的網絡設備行業的龍頭企業，

這家公司曾先後與朗訊、北電、愛立信及華為交過手，自從 1984 年在舊金山成立之後，幾乎每一年都在風口浪尖上搏殺。追求快速是企業的共性，而怎麼樣才能快呢？錢伯斯創造性地發現，快速地獲得最新技術，推出最新產品的最佳途徑是花錢去買。他買下了正在研製新產品的新公司，它能在 6~12 個月內推出一款傑出的新產品，然後通過思科公司現有的分銷渠道，迅速推向市場。這個辦法屢試不爽。全球的互聯網通信產品，如路由器、交換機等，有 80% 都是思科公司製造的。現在的思科幾乎成了「互聯網、網絡應用、生產力」的同義詞，思科公司在其進入的每一個領域都成了市場的領導者。

同時，思科是少有的積極鼓勵員工自主創業的大公司。不少辭職自立門戶的思科員工，一兩年後又回到思科，當然，他們是以被併購的公司骨幹的身分迴歸的，身價自然翻了很多倍。個人價值充分實現，思科獲得規模效益，可謂雙贏。

當創業已經開始，團隊已經建立並不斷壯大，產品受到消費者的追捧和喜愛，並且累積了一批忠實客戶，企業的前景就開始明朗了。企業文化對於公司和團隊自身而言都是非常重要的影響因素，每個團隊成員的核心價值觀和行為都是為公司的使命服務。

企業文化的內涵之中，很重要的一點就是企業道德。企業道德是從倫理關係的角度，以善與惡、公與私、榮與辱、誠實與虛偽等道德標準來評價和規範企業。雖然不具有強制性的約束力，但企業道德具

有積極的示範效應和強烈的感染力，當被員工認可後也具有一定自我約束的力量。因此，它是規範企業和職工行為的重要手段。同仁堂藥店之所以上百年長盛不衰，是因為它把中華民族優秀的傳統美德融於企業的生產經營過程之中，形成了具有行業特色的職業道德，即「濟世養身、精益求精、童叟無欺、一視同仁」。當然，這十六個字遠遠不如同仁堂的這副對聯有名：

求珍品，品味雖貴必不敢減物力；

講堂譽，炮制雖繁必不敢省人工。

同仁堂的金字招牌，就是這樣打造而成的。這副對聯，把同仁堂的職業道德和企業文化都很好地表現出來了。

當然，企業文化並非一成不變，要隨著經濟的發展和市場的變化適時創新。要用發展的眼光看待企業文化建設，改變企業文化中與現代市場經濟發展要求不相適應或相悖的方面，通過文化變革來促進企業更加健康發展。

新機遇、新變化——把握「互聯網+」的機會

　　進入移動互聯網時代，數據的搜集和獲取非常便捷，企業通過分析海量的數據能找到規律，透過規律能捕捉到客戶的潛在需求，輔助企業進行產品設計、降低產品設計的失敗率，還可以利用大數據分析技術對用戶進行個性化精準行銷，提升用戶體驗。除此之外，大數據分析技術也能運用到企業內部管理中。

　　大數據能輔助企業管理者做決策。在互聯網企業中，任何一個微小的程序升級都需要有點擊率、流量、用戶滿意度等數據的支撐。同樣，在互聯網時代，企業做決策，不應再憑藉高層管理者的直覺和經驗，而應該讓數據說話，避免發生決策效率低、決策無法執行的問題。

　　在人力資源管理方面，企業可以建立數據庫，包括員工性別、年齡、學歷、性格特點、家庭成員、收入水準、興趣愛好、職業經歷等，通過大數據分析來瞭解不同部門、不同層級員工的行為規律和需

求偏好，然後據此打造多樣化的福利待遇機制、激勵機制、考核機制、用工管理機制等，滿足員工的個性化需求，提高員工的工作熱情和積極性。還可以將員工的需求偏好與企業的品牌價值和企業文化相結合，增強員工對企業的認同感和歸屬感。

美國一家銀行通過大數據分析發現，那些享有工間休息時間的員工，工作效率更高，於是該銀行推行集體工間休息制度。一段時間後發現，員工的工作壓力下降了19%，工作效率提升了20%。

未來，一切皆可被數據化，大中小企業都應該構建自己的大數據平臺，累積各種數據，並不斷回顧和整理，分析數據背後潛藏的規律。

這幾年流行的「互聯網+」思維，不僅涉及企業的行銷和服務，也會影響產品的設計和創新，還會影響企業的組織架構和企業文化，使企業組織架構扁平化、精簡化，使企業文化變得更加民主。企業只有及時將「互聯網+」思維引入企業管理的實際應用中，不斷創新經營和管理方式，才能實現企業管理模式的真正轉型。

互聯網的最大特徵是開放性，在合法的前提下，所有的人在網絡平臺上可以自由、充分地交流，因此信息可以得到充分集合和傳播。互聯網提供了一個充分交流的平臺，也提供了一種平等的交流和相處方式，更提供了一個龐大的多元的信息獲取渠道。

在當前的市場環境下，埋頭苦幹已經不再能夠滿足生存和發展的需要了。市場需要什麼？消費者的需求和偏好是怎樣的？新產品的使

用體驗如何？同類競爭者水準、素質、規模和思路是怎樣的？供應商動態有哪些？這些信息都是可以通過互聯網獲得的。因此企業要擅於利用互聯網，及時把握市場動向，瞭解消費者需求，以及消費者對產品附加值包括文化附加值的期許。現在越來越多的行政部門、企業與社會團體都將網絡作為重要的信息交流平臺，在向社會和消費者展示自己的同時，也可以瞭解和收集社會和消費者的訴求。新興企業的發展，離不開「從群眾中來，和群眾在一起」的思維方式，比如小米手機從開發到推廣都離不開粉絲的支持。

互聯網促進了產業鏈的重組與充分融合。互聯網是信息互通平臺，這一平臺憑藉其科技實力整合了絕大多數生產生活信息。從企業的角度，互聯網可以提供其需求的所有信息，如生產原料、設計、技術支持、人力資源服務、銷售渠道及相關附加服務。因此企業可以借助自身的資金、技術、人才、管理優勢，通過有效利用互聯網進行信息資源整合，優化產業鏈結構，提高資源利用率，從而獲取更多收益。

互聯網的開放性和互助特徵有利於促進產業升級。有能力的企業通過整合產業鏈條，讓產業鏈條中相關的企業在合作中實現提升和互助。這不僅是對合作企業的幫助和提升，也是對整個產業的幫助和提升。

互聯網發掘了更多的社會資源，讓原本潛在的社會資源都有能被利用的可能。比如百度可以通過搜索將地圖、物流業、餐飲業、娛樂

業整合在一起，百度外賣就是兌現方式；咕咚這樣的應用程序則通過記錄行走的步數等數據，建立起把運動和健康管理結合起來的系統；餐飲類軟件則實現了原料、加工、物流和社區服務的捆綁。在大力提倡「互聯網+」思維的大環境下，企業需要關注自身與整個社會的發展的動向，找到合適的切入點，參與到這場變革中，才能幫助企業實現長遠利益。

絕大多數企業，無論先天條件如何，總能借助現有的一些資源、條件和要素通過互聯網有所發展。因此不妨首先挖掘自身的資源，對其進行整合，再結合互聯網技術和平臺，增加它們的附加值，提高利用率，這樣有助於企業獲得更多收益。

新機遇、新變化——與產品匹配的企業文化

打破固有的思維模式，用「互聯網+」思維重新打造傳統企業的產品，這就需要有與此相匹配的企業文化。

互聯網時代，企業要轉變理念迴歸價值鏈的核心——產品。在互聯網企業中，產品是第一位的。產品競爭已經成為一場殘酷的比拼，很多互聯網企業的 CEO 都是產品經理出身。這和傳統企業以市場和行銷為主導的理念完全不同。

首先需要在產品設計與研發上抓住消費者的興奮點，打造極致的、讓用戶尖叫的產品。互聯網時代的產品通過不斷升級換代以滿足用戶的心理預期

縱觀互聯網上火起來的品牌，一定是具有它獨特的故事或話題。在京城大紅大紫的雕爺牛腩，開業僅兩個月就在商場餐廳評價中拔得頭籌，並很快獲得 6,000 萬元投資，估值數億元人民幣。這家餐廳的創始人並不是餐飲行業出身，沒有任何餐飲行業的經驗，餐廳剛開業

時，只有12個菜品，很多業內人士認為它活不長久，但是雕爺牛腩不但沒關門歇業還很快火了，日日門庭若市。什麼原因？雕爺牛腩的創始人是個互聯網名人，擅長用互聯網思維運作餐廳。雕爺牛腩被譽為餐飲行業中最懂互聯網的品牌。雕爺牛腩的烹制方法是雕爺花了500萬元，從周星馳電影《食神》中的原型——香港食神戴龍那裡購買來的，這個說法通過互聯網很快流傳開來。在互聯網行銷方面，雕爺牛腩花樣百出，比如邀請各路明星、達人、美食家等免費試吃，然後讓他們在微博上做宣傳；在比特幣特別火的時候，雕爺牛腩支持用比特幣結帳……雕爺牛腩擅於製造熱點，吸引了電視臺的注意力，再接受它們的採訪，從而獲得了更高關注。當然，像這樣運用互聯網進行行銷宣傳的例子很多，但不見得都能取得這麼好的效果，不過朝這個方向上努力顯然是很有必要的。

在互聯網時代，要提高產品的知名度，只靠傳統的行銷方式很難做到。行銷的重點是獲得顧客心理上的好感、身分上的認同，以及讓產品具備話題性等。不怕產品有缺點，就怕產品沒亮點，即一定要有可以娛樂和談論的話題。互聯網的主力消費群體是年輕用戶，他們喜歡追求新鮮、時尚、個性的東西。因此，為了滿足他們的消費需求，企業要擅於利用互聯網，打造極具亮點的產品特性。

互聯網時代，與用戶的交流互動很重要，粉絲量就意味著傳播力。尤其隨著移動互聯網的迅猛發展，信息的傳播速度呈幾何倍增長，人們的消費信息來源也變得更加便捷和多源，他們通過微博、微

信和其他各種應用軟件來瞭解公司的產品和品牌，和商家交流，和其他用戶交朋友，在這個過程中，公司的產品和品牌得到了傳播。讓用戶參與品牌傳播，品牌才會有持續的發展動力。

近年爆紅的小米手機，是用戶參與品牌傳播的典型案例，它將產品與用戶體驗做到了極致。相對於傳統企業的產品固有的模式而言，互聯網思維模式可以讓產品更接近用戶，以用戶體驗為標準快速更迭自己的產品。通過互聯網銷售產品還包括消費者定制產品（C2B），讓消費者參與到產品設計和研發環節中來，提供滿足用戶個性化需求的產品。小米手機的創辦人雷軍多次說，粉絲參與是小米手機成功的最大秘密。

傳統媒體時代，企業進行危機公關，往往需要到線下的權威媒體發文澄清，新媒體時代如果沿襲這種做法，企業很可能因跟不上傳播速度而被淘汰。互聯網的最基本功能是提供信息，在海量信息中，如何讓自己的企業品牌信息脫穎而出，需要做出快速反應。互聯網尤其是移動互聯網上的信息每一秒都在更新，企業需要隨時關注與行業和自身相關的信息，及時跟進。人人都是自媒體，沒有人會等企業做出反應了才去跟進。所以新媒體時代企業的危機公關一定要做到快速反應，第一時間主動發布。

2014年2月8日，索契冬奧會開幕式上出現了一個失誤——體育場上空的五朵巨大雪絨花本應慢慢展開，最後變成奧運五環，結果最後一朵雪絨花沒有打開，五環變成了四環。很多企業據此進行了廣

161

告創意，比如奧迪借網友調侃其植入廣告的輿論，順勢稱「上面那個，真不是我們整的」；大眾汽車做了一個廣告圖，用自己的商標替代未打開的雪絨花組成五環；紅牛打出標語：打開的是能量，未打開的是潛能；北京萬科說：這不是奧迪干的！因為這世界上最有價值的四環已經不是奧迪，而是北京的四環……這正是自媒體時代利用新聞事件進行廣告傳播，在新聞事件發生的極短時間內做出快速反應的代表案例。這種結合熱點快速反應的思維往往能迅速掌握先機，抓住傳播的興奮點，一舉占據輿論主陣地。

互聯網時代打破了傳統終端的束縛，讓銷售渠道越來越扁平化，品牌直接與消費者建立聯繫，傳統渠道的話語權越來越弱。在供應鏈和渠道的行銷層面上，互聯網思維把渠道從線下搬到線上（B2C），或者打通線上線下的聯繫（O2O）。當傳統手機廠商還在用大把的時間和財力構建自身渠道時，沒有任何線下渠道的小米手機卻在一夜之間遍地開花。

用互聯網思維做生意，並不是簡單地在線上搭建電子商務銷售渠道和利用新媒體進行企業品牌傳播，而是通過互聯網思維提升、改造線下的傳統企業經營模式，改變原有的企業發展節奏，建立起新的游戲規則，在新的商業環境下創造新的發展動力。

「互聯網+」的意義在於幫助傳統產業提高效率，優化服務體驗，讓全社會的信息交流更快、更透明，社會資源的利用率大幅提升。未來，互聯網將滲透到社會經濟的方方面面，傳統產業的融合和轉型，

也會面臨重大發展機遇。

互聯網作為一種革命性的工具，正在深刻改變著人類的生產和生活方式，互聯網思維也成為業界熱議的話題。互聯網不僅推動了一批新企業的崛起，也對傳統的農業、製造業和服務業產生了深刻影響，並逐漸滲透至社會管理、政府管理等多個領域，其中一些變革甚至是顛覆性的。當前，中小企業既要跟上互聯網的創新發展和應用，更要積極參與到互聯網和傳統產業的改造升級中。

外部環境在變化，消費者的觀念也在變化。新一代消費者更注重產品帶來的價值主張與個性體驗。這時如果企業既能滿足消費者的多樣化需求，又能進行品牌創意和行銷模式的創新，那麼必定能夠給企業發展注入新的活力。

有不少企業比較憂慮，認為互聯網起到的是顛覆的作用，留給傳統企業極小的生存機會。但實際上，這是一種過度解讀，「互聯網+」不是對傳統商業的替代，也沒有改變商業的本質，「互聯網+」強調的是融合和共贏，給傳統行業轉型升級帶來的是強大助推力。所以傳統企業在面對「互聯網+」的時候，應該積極適應它帶來的變化，讓自身能夠更好地把握發展機遇。

房產、餐飲、娛樂等與人們生活息息相關的領域都受到「互聯網+」的深刻影響。從互聯網與傳統產業的融合過程來看，電商是「互聯網+」滲透下最早也最具代表性的行業。互聯網對優化傳統零售商業的突出作用表現為，通過聯繫線上線下的行銷要素，使線上的

信息流、用戶流與平臺系統，與線下的產品及其服務完全融合，不僅提高了消費者的用戶體驗，使其得到實惠，而且大大提升了整個交易效率，降低了損耗和交易成本，促進了傳統零售業態的轉型與升級。馬雲的阿里巴巴的成功，就是基於此。

除了在線零售外，移動互聯網、雲與大數據等新興領域也在快速與傳統行業結合，成為新興商業生態系統的重要組成部分，也給傳統產業的升級助力，為新常態下的中國經濟發展注入強大動力。

可以說，「互聯網+」與傳統行業的融合，會是未來五年的核心發展方向之一，也是傳統行業改造升級和中國經濟轉型升級的新常態。傳統行業應該抓住機遇，用好互聯網這一工具，以開放的思維迎接變化，實現融合發展，奏響中國經濟發展的最強音。作為中小企業，無論你是不是互聯網公司，圍繞此建立與自身相對應的新型企業文化，正是明智之舉！

補上職業化這一環

　　進入 21 世紀，職業化成為員工和企業發展的重要動力。而建設企業文化，就應該要求員工更加職業化。這是企業文化得以落地實施的重要抓手，切莫小覷。這不僅是大公司用得上的，小公司一樣需要。

　　目前，在員工的職業化水準上，中國企業與國外企業還存在很大差距，這種差距導致中國企業在國際市場上競爭力不足，直接制約了企業發展。有研究顯示，在未受職業化教育的情況下，一個員工的能力可以發揮 40%～50%，而經過良好的職業化教育之後，其能力的發揮能提高 40% 左右。由此，職業化不僅能提升員工的個人價值，也能增強企業的競爭力。實際上，因為職業化程度不夠，很多知名公司的企業文化建設也受到影響，比如老板不像老板，員工不像員工，角色混淆，功能錯位。不僅老板心口不一，員工也是說一套做一套，這對企業發展造成了極大阻礙。

一個優秀的員工必然是一個職業化程度很高的員工。而一個由職業化程度很高的員工組成的企業，必然具備強大的競爭力。縱觀國內外知名企業，其員工和團隊的職業化程度均很高。在國際五百強的公司哪裡，中國的萬科公司的大多數員工在言談舉止、行為方式、知識技能、道德品質等各個方面都表現出職業化的素養，知道在什麼時間、什麼地點，該用什麼樣的方式說什麼樣的話，做什麼樣的事。

職業化是企業現代化的必然產物，是員工工作狀態的標準化、規範化和制度化，它主要包括三個方面的內容，即職業技能、職業素養和職業行為。

職業化要求員工扮演好自己的角色，承擔自己的崗位職責，自覺、高效地完成工作任務。在這個過程中，行為規範是推進員工和團隊實現職業化的關鍵。

行為規範是員工和團隊在工作中要遵守的規則的總稱，是員工和團隊能夠接受的具有一定約束力的行為準則。如果企業沒有行為規範，員工的言行舉止、工作方式、道德品質就沒有約束和指引，而員工的性格和素質千差萬別，對待工作的態度也不同，導致企業中每個人的言行、工作方式、工作狀態、工作效率等都不一樣，久而久之，整個團隊的工作就無法順暢、高效地開展，企業文化也無法感染每個員工，落實到實踐中，職業化更不可能實現，最終導致企業難以發展。

企業職業化水準的高低會受多方面因素的影響，其中企業文化對

企業職業化的影響最大。企業職業化需要企業文化整體氛圍的感染，需要員工發自內心的價值認同，也需要員工對行為標準的貫徹執行。

　　企業職業化水準還受到整個行業發展水準的影響，行業處於不同的發展階段，行業內的相關企業的職業化水準也不同。例如，一個行業處於初級發展階段時，市場不成熟，會呈現無序競爭的混亂局面，企業也會想盡辦法去爭奪市場，這時候企業的職業化水準普遍不高。這是因為一方面行業人才的職業化水準較低，另一方面企業為了在激烈的市場競爭中站穩腳跟無暇顧及企業職業化的塑造。事實上，在行業發展不成熟的初級階段，推進職業化建設不僅不會占用企業的精力，而且能幫助企業打造一支職業化的團隊，增強企業的核心競爭力，避免企業在行業洗牌中被淘汰。

　　此外，企業的職業化水準還受到自身發展的影響，企業所處的發展階段不同，職業化水準也有所不同。企業在初創時期，推進職業化建設可能不是最重要和最緊急的事情，在這個階段創始人會把更多的精力放在如何抓住機遇，使企業迅速發展起來上。但是隨著企業規模的擴大和市場環境的變化，市場、客戶、員工、產品等方面的各種問題隨之而來，這些問題僅憑一己之力顯然不能解決。這時候就需要一支職業化的團隊，來提升生產效率，提高顧客滿意度，提高品牌美譽度，增強企業核心競爭力。

　　沒有職業化的管理，企業的任何宏偉目標都不可能實現。但是，推進職業化建設不是一蹴而就的，需要隨著企業的發展而不斷完善，

而且不同的發展階段對企業職業化水準的要求也不同。例如，企業在初期發展階段，是不能生搬硬套成功企業的成熟的職業化規範的。因為在初創期，企業更多是依靠「人治」，以便在企業內部引發情感共鳴，團結一切力量，用情感、夢想來激發員工和團隊的熱情和鬥志。這個時候情感可能比金錢更有力量。而不符合企業初期發展要求的職業規範，會給創業夥伴和員工造成困擾，影響工作情緒和工作效率。這些都是中小企業管理者在推動職業化建設時一定要高度注意的。

第六章
萬眾創新 傳統文化是根

文化是「人文教化」的意思，指明前提——有「人」才有文化，即文化是討論人類社會的專屬用語；「文化」的另外一個意思是「以文教化」，強調對人的性情的陶冶和品德的教養，屬於精神領域之範疇。

　　中國文化提倡的是人與社會的和諧，主要體現在三個方面。一是政治和諧。行「王道」，即「保民而王」，行「王道」的核心在於「以德治國」與「以仁施政」，「仁政」的核心在於孟子所主張的「以民為本」。從先秦諸子百家開始，經兩漢經學、魏晉玄學、隋唐佛學、宋明理學至清代樸學，各種學派與民間信仰融會貫通形成博大精深的中國傳統文化，實現了「以儒治國，以道養身，以佛養心」，正是「和而不同」的內在精神體現。

　　早在20世紀80年代，一批諾貝爾獎得主在《巴黎宣言》中指出：「如果人類要在21世紀生存下去，必須回到2,500年前，去吸收孔子的智慧。」可見西方世界對於中國傳統文化真誠的重視。孔子是受聯合國紀念的十位世紀偉人中的第一位，他創立的儒家思想，後被孟子、荀子等人繼承和發揚光大。儒家經典有《倫語》《孟子》《大學》《中庸》四書。在今天能夠繼續發揮作用的儒家思想還有很多，例如，「修己以安人」「人能弘道」「仁者愛人」「和為貴」「君子和而不同」「舍生取義」「中庸之道，過猶不及」……

　　學者趙明先生在其《先秦儒家政治哲學引論》中指出，「在先秦的儒家看來，救治天下失序的關鍵在於喚醒人們對精神價值秩序的關

懷,而不僅僅在於以外在的強制力作為保障的『有序』化模式的建立」。

趙明提到:「他們尤為注重經典教育,這不過是要人們從內在精神世界裡確立起關於標準和方向的個人信念。沒有這種對標準和方向的信念,秩序即無法真正得以確立,它本身也是沒有意義的。」這裡的標準或方向,無疑就是儒家的核心思想「仁」和「禮」了。儒家的修養方法,就是要求人們在任何社會環境中,都要自覺地提高自己的道德品質,提高自己的道德境界。同時,為了通過道德修養獲得身與心的安寧,每個人都需要經常反省,《論語‧學而》教導人們:「吾日三省吾身,為人謀而不忠乎?與朋友交而不信乎?傳不習乎?」《論語‧里仁》有「見賢而思齊焉,見不賢而內自省也」的說法,就是如此。

在自身之外,儒家思想提倡人與群體及社會的和睦相處,即建立和諧的人際關係。儒家認為,人只有結成群體才能夠在自然中生存,因此倡導禮節,建立綱紀,明確人倫,提倡人與人之間要有愛心,待人要寬厚,「寬則得眾」,等等。在具體的操作層面,儒家主張以「仁、義、禮、智、信」作為處理人際關係和社會關係的基本準則。儒家注重養德,道家注重養生。儒家雖不提倡禁欲主義,但一直強調要用正心、誠意、修身來規範人的行為。孔子認為,人之所以為人,是因為人有精神生活,特別是在於人有道德。所以孔子提出以「仁愛」為中心,並延伸出溫、良、恭、儉、讓、禮、智、信。把培養

有道德的人作為學問的根本，認為這是社會穩定與和諧的根基。

　　道家主張以謙下不爭、清淨無為的方式來達到人的身心和諧。「挫其銳，解其紛；和其光，同其塵」。有了和諧的人格，就能消除自我的桎梏，以豁達的心胸與不偏執的心境去看待一切。

　　佛家講修來世，力圖以事事無礙的超然態度進入一種徹悟的心靈境界，實現自我身心的和諧。

以人為主，因道結合，依理應變

　　對傳統文化的運用，由民族到公司，一樣是值得深思的話題。

　　一個企業，想建成百年老店，實現「立民族志氣，創世界名牌」的宏偉目標，在汲取各方文化的同時，必須逐步形成自身獨具特色的企業文化，並堅持不懈，不斷發展和昇華。

　　企業文化，是企業的靈魂。一個人要有精神，一個企業要有核心，人的精神就是理想，企業的核心就是企業文化。企業文化是一個企業能夠縱橫商海的根本所在。缺失了文化的澆灌，企業便像無源之水，是無法長久生存的。企業文化是企業發展的不朽支柱，文化建設有著潛在的凝聚力。它不僅能給企業帶來發展，而且能激發員工的自豪感和責任感，從而提高企業的整體效益。

　　古往今來，每一個偉大的民族都有自己博大精深的文化，每一個現代國家都把文化作為推動社會發展進步的重要力量。一個民族的覺醒首先是文化的覺醒，一個國家的強盛離不開文化的支撐。文化是國

家增強核心競爭力的重要因素，在綜合國力競爭中發揮著不可替代的作用。隨著世界多極化、經濟全球化的深入發展和科學技術的日新月異，文化與經濟、政治相互交融的程度不斷加深，與科學技術的結合更加緊密，經濟的文化含量日益提高，文化的經濟功能越來越強。誰占據了文化發展的制高點，誰擁有了強大的文化軟實力，誰就能夠在激烈的國際競爭中贏得主動權。

現在，越來越多的國家看重文化的巨大作用，千方百計壯大本國文化的整體實力，增強其國際競爭力。中國要在當前的國際競爭中立於不敗之地，維護國家發展利益和文化安全，必須增強自己的文化軟實力和自信心，盡快形成與中國經濟社會發展和國際地位相適應的文化優勢。在這樣的背景下，中國的企業也自然要有自身相對應的企業文化。

作為數千年未曾中斷的文明，中國文化與西方文化在基本的價值取向、思維方式、行為準則和精神追求方面都有著相當明顯的區別。

中國式管理的理論模式，最早由臺灣地區的曾仕強先生提出，一經提出，便引起了學界與業界的極大關注，成為彼時業界管理培訓中的熱點。但是，這一理論隨後引起了很多人的反對，他們認為根本不存在管理模式上的中外差別，中國式管理是一個假命題，批評的對象以曾仕強的觀點為主。經過數年的討論，至今仍未能在學界與業界形成共識。探討不斷深入，提升中國企業管理實踐水準的要求則迫在眉睫。

回看當年，經濟的發展帶動了企業發展，企業的進步催生了管理革命。20世紀初的美國，在歐洲文化基礎之上，根據美國的歷史經驗，伴隨著企業所有權與經營權分離的歷史進程和管理學學科的獨立，以培養和擴大職業經理人群體，推動了企業管理的制度化與規範化進程。這種管理學理論與管理學實踐的相互促進，成為推動美國經濟增長與增強美國競爭力的強大引擎。因為作為市場主體的企業具有競爭力，經濟便發展起來，國家競爭力的實現就成為可能。

時移世易，商業的力量深刻地改變著世界格局。第二次世界大戰以後，深受儒家文化影響的亞洲地區開始出現一些騰飛的經濟體，其中代表是日本與「亞洲四小龍」。學者們對這些經濟體的研究證明，他們得益於改造和利用自己的傳統文化，來推動市場經濟的發展。其中引起了世界管理學界廣泛關注的日本企業管理模式，與西方企業管理模式存在明顯差異，美國學者據此提出了「企業文化理論」。

從1978年改革開放開始，中國逐步進入了世界經濟體系。中國作為一個資源、技術、管理水準都相對落後的後發國家，經過近40年的經濟騰飛，已經成為世界經濟體系中的重要組成部分，這是一個不可忽視的現實。真正的問題在於，隨著中國市場的國際化與中國企業的國際化，我們越來越迫切地需要認識清楚，中國企業的核心競爭力在哪裡？

我們要以中國管理哲學為基礎，結合西方現代管理科學，並充分考慮中國人的文化傳統和心理行為特性，以達成更好的管理效果。中

國式管理其實就是合理化管理，它強調管理的是修己安人的過程。中國式管理以「安人」為最終目的，因而更具有包容性，合理地處理「同中有異、異中有同」的人事現象；主張從個人的修身做起，然後才有資格來從事管理，而事業只是修身、齊家、治國的實際演練。

實踐之中我們也能看到，全面照搬西式管理的中國公司，會遇上諸多問題，從價值觀到方法論都存在衝突之處，最後付出巨大的試錯成本。

簡而言之，美國式管理的哲學基礎是個人主義，日本式管理的哲學基礎是集體主義，中國式管理則是我們常用的「交互主義」。中國式管理，重視把人際或人群與倫理聯繫在一起，建立一種存在差別性的關係，稱為人倫關係。

中國式管理的「交互主義」，秉持二合一的態度，將個人主義和集體主義結合在一起，形成在集體中實現個人價值的合理主義。

我們今天提倡的傳統文化一定是人性化的傳統文化，一定是人道主義的傳統文化，一定是使人能夠成為人的傳統文化。

藝術大家吳冠中曾經提出著名的觀點：「藝術到高峰時是相通的，不分東方與西方，好比爬山，東面和西面風光不同，在山頂相遇了。但是有一個問題，畢加索能欣賞齊白石，反過來就不行，為什麼？又比如，西方音樂家能聽懂二胡，能在鋼琴上彈出二胡的聲音；我們的二胡演奏家卻聽不懂鋼琴，也搞不出鋼琴的聲音，為什麼？是因為我們的視野窄。」這話同樣也適用於今天的中國企業現狀。

中國式的管理、中國式的企業文化，發展到一定程度，也可以與西方的遙相呼應、並駕齊驅。只是，我們還需要更多地對我們自己的企業文化進行累積、提煉與總結，尋找到適合當下與未來中國的企業管理之道與企業文化成長方略。

市場在改變，形勢在改變，經濟環境在變，企業中的中堅力量在變，甚至企業的經營者與管理者的氣質、知識眼界都在變化。在這個崇尚個性化、人性化和迴歸本真的社會和市場環境中，如果沒有個性化、沒有人性化，沒有經受過借鑑外來文明卻水土不服等問題的考驗的文化如何落腳？又如何在未來成為軟實力和潛在動力支持企業的發展？當下信息傳播渠道通暢，稍有頭腦的企業人可以輕易發現其中存在的種種機遇和挑戰。所謂「有所為，有所不為」，今天的中小企業的領導人，也需要審時度勢，積極做出變革。

中國式管理，現在看來，大約有三大重點，那就是以人為主、因道結合、依理應變。

若非理念相同，很難做到以人為主而又能夠密切配合。中國式管理首先看重「道不同，不相為謀」，力求因道結合，彼此志同道合、理念相同，更能夠同心協力把工作做好。開始志同道合的同仁，由於環境與自身訴求的變化，可能在後來變成「志不同，道不合」。各種內外環境的變數，隨時會出現。中國式管理主張依理應變，凡事依據原則，因人、因事、因時、因地而應變，以求合理。

根植於傳統的創新才是出口

　　新經濟時代的到來使企業面臨全新的競爭環境和經營形勢。與傳統經濟時代企業靠自身的資源獲得競爭優勢，靠產品經營、資本經營創造企業效益有所不同，新經濟時代是以企業內外資源要素為基礎，以創新文化和創新機制為動力，以履行社會責任為條件，以整體優化、優勢互補和聚變放大為手段來發展企業的。這對於中小企業而言是機會，也是考驗。

　　說一千道一萬，在今天，無論建設什麼樣的企業文化，都需要創新，這樣才能有生命力，才能走出象牙塔與實踐結合起來。

　　2015年以來，很多人講創新，創新成為當下非常流行的詞語。但是不分場合、不分時間地講創新，有跟風、濫用的嫌疑，也很快讓人感到審美疲勞。

　　創新原本是經濟學概念，最早由著名的經濟學家熊彼特提出。而在半個多世紀之前的熊彼特時代，創新的內容就已經包括產品創新、

工藝創新、開闢新市場、獲得新供應來源及新的組織形式幾個方面。隨著經濟的不斷發展，各種企業不斷發展和成熟，創新被更多地使用，其外延也被最大限度地拓展。現在所提到的創新涵蓋了更多的價值創造及實踐行為，包括但不限於技術創新、管理創新、商業模式創新、制度創新等。

今天，關於創新的政策已經成為國家層面關注的話題，不再僅僅是經濟概念，還拓展到政治、科技、社會等相關層面。從大的範圍和層面看，國際形勢、全球經濟發展狀態、國內外的政治環境、科技發展現狀和前景以及社會進步狀況等，都在創新。企業作為市場經濟的組成單位當然需要加入創新的行列中。

從微觀處著眼，經濟形勢是日新月異的，每年都有若干中小企業誕生，也會有一大批中小企業破產和消失。企業自身如果不進行創新，就很容易被競爭對手、被整個社會淘汰，因此從最現實的利益角度來看，創新是企業發展的必然要求。

經濟體制的不斷深化改革，國際經濟形勢日趨複雜，在這樣的背景下，企業若想在不進則退的經濟浪潮中求生存、謀發展，則必須解決企業管理中存在的一系列問題。不管是普遍存在的問題還是企業獨有的問題，都必須通過管理制度的創新加以有效解決。只有順應現代經濟的發展，加強企業領導者和員工的創新意識，才能不斷增強企業在市場經濟中的競爭力。

2015年5月5日，中央全面深化改革領導小組第十二次會議審

議通過了《關於在部分區域系統推進全面創新改革試驗的總體方案》和《深化科技體制改革實施方案》等文件，明確要求統籌推進科技、管理、品牌、組織、商業模式創新，統籌推進軍民融合創新及「引進來」和「走出去」合作創新，明確要求打通科技創新與經濟社會發展的通道，最大限度激發科技創新的巨大潛能。創新已經成為國家層面的要求和目標。

當前，新一輪科技革命和產業變革正在興起，全球科技創新呈現新的發展態勢和特點，這將給人類社會帶來新的發展機遇。在此背景下，世界主要國家都在統籌部署，尋找科技創新的突破口。要實現中華民族的偉大復興，實施創新驅動發展戰略萬分必要，中國必須抓住這一歷史機遇。

2016年5月，中共中央、國務院印發了《國家創新驅動發展戰略綱要》，提出了創新驅動發展「三步走」戰略目標，即：第一步，到2020年進入創新型國家行列，基本建成中國特色國家創新體系，有力支撐全面建成小康社會目標的實現；第二步，到2030年躋身創新型國家前列，發展驅動力實現根本轉換，經濟社會發展水準和國際競爭力大幅提升，為建成經濟強國和共同富裕社會奠定堅實基礎；第三步，到2050年建成世界科技創新強國，成為世界主要科學中心和創新高地，為中國建成富強、民主、文明、和諧的社會主義現代化國家、實現中華民族偉大復興的中國夢提供強大支撐。

綱要還部署了八大戰略任務：一是推動產業技術體系創新，創造

發展新優勢；二是強化原始創新，增強源頭供給；三是優化區域創新佈局，打造區域經濟增長極；四是深化軍民融合，促進創新互動；五是壯大創新主體，引領創新發展；六是實施重大科技項目和工程創新，實現重點跨越；七是建設高水準人才隊伍，築牢創新根基；八是推動創新創業，激發全社會創造活力。

中國實施創新驅動發展戰略，既要依靠知識創造、技術進步、高素質人才、有利於組織成本和交易成本降低的制度創新、管理創新等要素創新及組合創新來推動，又要依靠提高資本、資源環境、勞動力、信息等生產要素的質量、效率和效益，以及創新生產要素、投資、金融等驅動方式的組合來推動。

當前，科技創新與經濟社會發展、商業創新與社會創新已經深度融合，每一個人都扮演著「生產者」或「消費者」角色，都或多或少地參與並影響創業創新進程。對於企業來說，「科學技術作為第一生產力」「人才資源作為第一資源」與「創業創新作為第一驅動力」這幾個耳熟能詳的口號，已經不僅是國家層面的號召和預期，也是企業需要關注的發展重點。如何通過創新獲取企業發展的新階段、新成績，如何將自身經營發展與知識產權、科研院所、高等教育、人才流動、國際合作、金融創新、激勵機制等國家策略相結合，並通過科技創新，全面推進制度創新、管理創新，培養創新人才，實現企業最大利益，是企業在這個特殊的市場環境中需要考量的問題。

很多企業重視企業文化創新和制度創新，卻沒有取得實質性的效

果，就會因此否認創新的意義。在否定的時候，大部分人會選擇否定文化創新的功效，因為比較而言，制度創新更容易量化和規範，更容易執行和考核，而文化創新是一種氛圍和潛在的力量，雖然影響到每一個員工的日常生活和工作狀態，但是難以量化和考核。

如果就此捨棄企業文化創新是不成熟甚至不正確的做法。

想要企業文化創新和制度創新對企業的發展產生積極有效的作用，需要將二者有機地結合起來，讓它們互相作用、互相促進、互相制約，才能實現二者的共同創新，從而在良性的互動中真正共同促進、共同前行，最終成為企業發展的兩大動力。

這樣的結合和相互促進，是由企業文化創新和制度創新的本質要求和互相之間的依存關係決定的。

企業文化創新是制度創新的精神支柱，對制度創新有促進作用。制度創新建立在有效的企業文化創新的基礎上，先進的企業文化是制度創新取得成功的精神支撐。企業文化創新為企業制度創新營造了氛圍，減少了制度創新的阻力；企業文化帶來的凝聚力和感召力，引導和激發員工的創造力和創新積極性，進而促進企業制度不斷創新。同時，企業制度創新的有效實施也會反過來強化企業文化理念，推動企業文化創新。因為，企業根據內部發展情況和外部市場環境的需要對企業制度進行調整後產生的新制度，會進一步規範企業員工的行為，改變他們的思維方式，使其產生新的價值觀念，而員工新的價值觀念是新的企業文化形成的基礎。

企業文化創新和制度創新都是以企業發展為目標的，二者在互相促進、互相提升的過程中，對企業發展起到了促進的作用。只有將二者有效地結合起來，才能推動企業持續發展。

有一個普遍的說法是：20世紀60年代，技術是企業競爭的核心；20世紀70年代，管理是競爭的核心；20世紀80年代，行銷是競爭的核心；20世紀90年代，品牌是競爭的核心；而21世紀，企業競爭的核心是企業文化。可見，一個企業無論實力多麼雄厚，只要企業文化停止發展了，企業的發展瓶頸就會很快出現。一個企業如果沒有制度創新和技術創新，還可以依靠企業文化維持一段時間，尤其是新興的中小企業，短期內完全可以靠企業文化維持其發展和營運；但是如果一個企業，包括新興的創業企業，有制度、有創新卻沒有企業文化，就很危險，隨時有走向滅亡的可能。

企業文化還有另一種重要性，就是企業文化的創新可以成為內在動力，推動和促進制度和技術的創新。一旦企業文化故步自封、不再創新，作為企業內在動力的「內燃機」的企業文化就會失去功效，企業制度的創新就會停滯甚至落後。因此企業文化的重要性還在於它的創新性。

企業文化需要根據企業的發展、市場的發展和經濟環境的變化來進行相應的調整、更新、豐富和發展。企業需要預測和認識到企業文化發展的方向，確定合理的目標，並隨時進行相應的調整，以創新的企業文化迎接挑戰。只有這樣，在推進企業制度、管理、技術等多方

面協同創新的前提下，企業的發展才可以滾滾向前，生生不息。

企業創新是一項長期的複雜的系統工程，僅憑一個人或一個企業並不能實現。未來，引入先進的計算機網絡和設備，通過創新網絡進行創新合作，是企業實現創新發展的主要模式。隨著全球一體化進程的加快和知識經濟時代的到來，全球經濟、文化、科學、技術等各個領域都在相互交融，相互滲透，合作的機會越來越多。這個時候，有著良好的企業文化作為基礎，溝通就能通暢，思想交流就會更加頻繁和順利，創新知識的傳播會更快速，促使各領域、各行業之間的交流也更便捷，這將非常有利於企業創新的開展。

核心競爭力是企業生存發展最關鍵、最具有影響力的要素，是獨一無二的，不易被其他企業模仿和轉移的，但可能會受到一些因素的影響，比如組織結構、管理模式等，而這些因素都與企業文化密切相關。優秀的企業文化可以提高企業的核心競爭力，主要通過企業文化的輻射性、凝聚性、導向性、約束性、激勵性等方面體現出來。企業文化可以引導員工樹立與企業一致的價值觀，通過價值觀的形成規範員工的行為，使員工樹立遠大的目標，並通過精神引導，使員工形成較強的凝聚力和向心力，有效激發員工的使命感、責任感，使其找到歸屬感，進而使每位員工都熱愛工作，自主自覺地努力完成工作任務，實現自身價值的同時，也為企業發展貢獻力量。另外，優秀的企業文化能幫助企業樹立良好的形象，提高企業知名度和美譽度，使企業獲得消費者的認同，提高消費者的滿意度和忠誠度，進而增強企業

的市場競爭力。

　　無論是大型企業，還是中小企業，現代化的管理制度都是促進其發展的有效措施。在國內外市場競爭十分激烈的環境中，大型企業要想保住相應的地位、提高核心競爭力，就要不斷進行創新性改革，其中管理制度創新是一項非常重要的改革內容。而中小企業由於根基不穩固，核心競爭力不強，更需要進行管理制度創新，以促進企業進一步發展。

「不爭而勝」：科技創新與管理創新

當下的經濟環境裡，產品、技術、知識等創新速度日益加快，現代企業需要著重考慮的一個大問題，就是發展的可持續性。1998年起，美國《財富》雜誌改變了過去按公司業績對公司進行排名的辦法，採用新的8項標準，評比出世界上10家最受尊重的公司，第一項標準就是創新性。創新是企業的生命，企業生命週期的長短取決於企業創新能力的大小。

利潤，是企業生產經營的目標，這無可厚非。但是隨著市場的發展、經濟的多元化，尤其是新經濟的崛起，如果把利潤最大化當成企業經營管理的唯一目標，就會導致越來越多的企業過早失敗。

管理這一課題從實踐和理念上都在不斷創新。企業想實現可持續發展，首先要做到管理的可持續發展。管理的可持續發展要求企業在實踐中堅持可持續發展觀，而創新是可持續發展觀的前提條件和核心部分。

管理創新首先需要將理論和實踐都精細化、科學化、程序化、規範化和制度化。企業的管理不僅要注重整體優化，還服務於提升企業核心競爭力，而最終的檢測標準是市場。因此管理創新需要以市場為導向，通過市場來檢驗管理創新的有效性，通過競爭優勢來反饋管理創新的科學性與合理性。

事實上，在這方面進行創新的企業，筆者認為用這四個字來形容最合適：不爭而勝。老子非常推崇水德，水德就是「不爭之德」。他認為，「天之道，不爭而善勝」，正如海納百川一樣，你不爭，處於下游，反而能成就自己的王者氣勢和王者風範。故「江海之所以能為百谷王者，以其善下之」。這就是「以其不爭，故天下莫能與之爭」的道理。

現在有些公司，喜歡什麼都爭，什麼都搶，最後，什麼都爭不到，什麼都搶不到。其實，老子講不爭，並非完全的捨棄，而是提倡「善爭」，高明地爭，以不爭的方式來爭。什麼叫以不爭的方式來爭？就是我首先完善我自己，不和你爭，結果反而有利於我。從企業創新的角度來講，就是要從白熱化的、不公平的、惡性的競爭中退出來，爭別人之不欲爭，爭行業之無人爭，爭對手之不敢爭。現在許多創新的企業家已經開始逐漸摒棄那種傷敵一千、自損八百的惡性競爭的策略。

隨著經濟全球化進程的加快，中國不斷深化經濟體制改革，各類企業正面臨著國內外政治經濟環境變化帶來的壓力，這使得傳統的管

理制度已經不適合現代企業的發展要求。

要麼死，要麼變，很多企業都意識到了形勢的嚴峻。創新是企業發展的靈魂和動力，企業如果缺少創新精神，發展後勁必然不足；注重創新精神、創新意識的培養，企業才能更好地實現管理制度創新。很多企業的管理制度的創新過程不夠重視企業員工的意見，而過多地重視企業管理者的想法。這便在無形中導致一種結果：犧牲企業員工創新意識的同時，限制了企業的戰略性發展，企業的改革創新也在不知不覺中受到阻礙。

這是因為在力求管理創新的同時，沒有真正進行文化創新。如果企業的發展只由企業領導說了算，而對員工的建議和貢獻不夠重視，企業文化在建設的過程中沒有讓員工真正參與進來，員工就沒有合適的方式和積極性去參與管理和科技的創新。簡而言之，文化創新不啓動，不落地，不讓員工真正地參與和發揮作用，科技和管理的創新成效就會大打折扣。因為今天的員工尤其是年輕員工，有著更強的自我意識和更鮮明的個性。如果企業文化沒有體現員工的重要價值和利益，沒有讓員工成為真正的參與者和主力軍，科技創新和管理創新就會因為脫離了員工而成為無本之木。

羅輯思維的創始人羅振宇，把「90後」歸為游戲一代，因為他們需要短時間內就能實現的刺激；對「90後」談期權是沒有用的，因為期權是需要想像力的，需要一個人對未來兩三年的利益有總體判斷。結合他們的特點，即時激勵就是很好的辦法。對「90後」而言，

你要把公司改造成「游戲機」，一個動作有效馬上提出表揚和獎勵，有利於提高他們的積極性。

著名風險投資人沈南鵬則認為，「90後」最大的特點是對個體職業生涯發展的高度重視。過去「60後」「70後」找工作，更多的還是考慮能不能有一份體面、收入不錯和穩定的工作，比較少去考慮這段職業生涯能給他帶來什麼發展。但今天的「90後」對這一點的訴求更強。

雖然兩者的角度不一樣，但是他們都有的共識是：今天的員工，與之前的太不一樣了！沒有企業文化這種軟實力作為保障，無論是科技還是管理，都無法真正發揮員工自身的潛力和能動性。

無論宏觀還是微觀，企業的具體經營管理措施都要經過分析、篩選和剔除。在所有創新的內涵中，對企業而言，核心的工作來自於科技創新和制度創新。科技創新包括科學發現、技術發明、技術開發、工程化等科技創新活動，而相關的管理、商業化、商業模式和制度創新則歸類於制度創新。但是觀察總結企業所有的創新舉措，其最終維繫的紐帶和黏合劑其實是企業文化的創新。

也許企業文化並不能直接而明顯地轉化成經濟效益，可是當我們看到企業從事或者參與各種社會創新和創業活動的時候，就會發現其中隱含的邏輯，所有創新活動執行起來，都是以科技創新為表現、管理創新為保障的，最終由文化的創新提供支持和動力。

企業管理制度具有獨特性，在企業管理中起著重要作用，面對複

雜的環境變化和激烈的市場競爭，管理制度創新十分必要。管理制度的創新不僅能幫助企業進一步發展，還能使企業在市場競爭中占據有利地位，實現企業現代化發展目標。

在當下和未來環境中，排他式的競爭已經逐漸被合作雙贏取代，原本依靠雄厚實力就能在市場上取得優勢地位的企業，在新經濟的浪潮中，其實力如果不加以創新，就會被消耗；很多機動靈活的中小企業，因其極大地發揮了員工的作用和潛力，創造出了巨大的能量和社會價值。從某種意義上來說，人的知識和潛力已經成為和金融資本一樣重要的資源，是企業最需要關注和發掘的金礦。因此作為現代企業，光提供各種產品和服務是遠遠不夠的，還需要將自身的技術專長和核心競爭力與其他的資源相結合，發揮自身優勢，發掘自身潛能，彌補自身不足，並且找到自己合適的位置，才有可能獲得長足的發展。

企業的資產有兩種，即有形資產和無形資產。有形資產是那些具有實際形態的資產，如土地、廠房、設備等；無形資產是沒有實物形態可辨認的非貨幣性資產，如技術、品牌、市場、專利等。有形資產的作用看得見摸得著，很容易估價和管理，所以很容易受到企業的重視，但是隨著知識經濟時代的到來，有形資產已經很難決定企業的價值，無形資產發揮的作用越來越大，企業決勝的關鍵在於無形資產。然而，企業要管理好無形資產非常難，尤其是對員工潛能和知識的管理，但是企業一旦運用好了這些無形資產，無疑會增加企業的價值，

增強企業的核心競爭力。而制度創新和管理創新有助於企業管理無形資產。

從營運與管理層面來看，企業必須從生產、產品、制度等多方面進行創新。要滿足客戶需求，並且在提高產品生產能力的同時提升對客戶的服務能力；要生產客戶真正需要和喜愛的並具有個性、不可替代的產品；要重視產業鏈體系的價值，整合企業內部和外部及產業鏈條中相關利益體的資源優勢，通過合作和融合實現共贏，並在供應商和客戶之間搭建互惠互動的橋樑。

創新管理，建立起包容、高效、值得信賴的制度體系對企業發展而言具有全局性的意義。信息技術的快速發展使得企業原來的業務信息空間擴大，企業的業務活動和業務信息增多，其可利用的資源和發展機會也相應增多。企業通過制度創新，整合內外部資源，並對其進行有效配置，同時利用信息技術手段，跨越內外部資源的界限，對整個供應鏈資源進行有效整合和利用。

技術創新是企業長足發展的必然要求。而制度創新和管理創新是實現技術創新的重要保障。制度創新是技術創新的基礎，在制度創新的前提下，企業才能推動技術創新，沒有制度創新，企業就缺乏技術創新的內在動力，落後的制度是困擾技術創新的一大障礙。管理創新是技術創新轉化為實踐活動的助推器。通過管理創新，企業能建立一個高效的管理體系，進而最大限度地激發管理者、研發人員和一線員工的創新精神、工作熱情，進而推動技術創新的落實。

隨著新經濟時代的到來，企業不能停留在現有的發展階段，滿足於現有的市場份額，而是要搶占未來的市場。因此企業必須具有很強的前瞻性和預見性。過去，企業幾乎都是以顧客為導向的，但是因為顧客需求不穩定，著眼於顧客導向已經不能滿足企業發展的需要。近些年來，一些高科技企業開始從以顧客為導向轉變為以產品為中心，並取得了非常好的效果。

當前科學技術飛速發展，產品更新換代加快，這使得技術和人才在企業發展和市場競爭中的作用越來越大。國內企業要想與國外企業展開競爭，在國際市場中佔有一席之地，就必須加快建立技術創新機制。技術創新是搞好國民經濟的內在要求，是轉變經濟發展方式的重要途徑。於企業而言，經濟發展和市場變化日新月異，沒有創新就無法跟上經濟的發展，無法提供能滿足消費者需求的產品和服務，自然就會被淘汰。

假如企業家沒有創新衝動，缺乏追求利潤最大化的動力，也不願意承擔失敗的風險，再加上企業制度的落後，比如治理結構不合理、產權結構過於單一等原因的綜合作用，會導致企業無法開展創新活動，無法成為現代化的公司，勢必會被殘酷的市場競爭淘汰。

這樣的場景之下，制度創新、技術創新和管理創新之間進入了互相抵觸的死循環，在企業內部的表現形式是沒有管理創新，無法對研究開發和市場行銷人才進行激勵，難以改善研究、生產組織和市場拓展三者割裂的局面；而在企業外部的表現則是企業無法實現從人才到

研發到市場的一體化管理，更不可能建立有效的技術創新機制。沒有技術創新帶來的效益，管理創新和制度創新就沒有現實保障，進而無法開展，也無法發揮其對促進企業發展應有的作用。

多年來，中國的企業在技術創新方面始終沒有太大進展，就是因為企業在產權、管理制度等多個方面存在問題，以致技術創新提出後，企業內部沒有制度創新和管理創新進行相應的協助和推進。國有企業在建立現代企業制度的過程中，制度創新、技術創新和管理創新不會自發產生，三者更不會自然融合而形成有機的互動網絡，而是必須在公司內不同產權成分的共同努力下，依靠管理者的組織和指導來完成，在制度創新的基礎上，在管理創新的推動下，達成技術創新這個直接目標。從這個角度而言，中小公司反而是最有機會在創新之中找到突破點的。

制度創新往往是從已有制度的基礎上出發的，因此如何發揮制度創新的作用很大程度上取決於以前的制度的穩定性、包容度和靈活性。對於有很多固有制度的大企業而言，在真正進行制度創新之前，還需要對原有的制度進行相應的調整和配合；而對於創業中的和剛剛開始發展的中小企業而言，這恰好是一個有利的契機。中小企業要抓住契機、立足當前、著眼未來，為了成就一個具有遠大前途的企業，建立一套全新的、適應市場發展的、具有自我更新能力的制度。

在這種目標下建立的制度，才會既符合市場要求，又符合企業的發展目標，它與企業文化創新、管理創新和技術創新的契合程度才會

更高。當這種新型的制度有效地建立並進入有效運行之後，它會成為企業各種創新舉措得以實施的重要保障；而不是像那些墨守成規的企業那樣，讓已有的制度成為創新的阻力和絆腳石。

概括來說，中小企業可以發揮一些大型企業沒有的靈活、機動的優勢，擺脫大型企業固化的經營管理方式和思維，成為創新的主力軍。我們對此充滿信心，也樂觀其成。

「為於無為」激勵員工

什麼叫「為於無為」？就是以「無為」的方式來「為」。老子認為，管理者「為無為」，就可以做到「無不治」。一方面管理者要「無為」，即不隨意干預，不胡作不妄為，創造一種條件、倡導一種文化、推行一種價值，使員工都能自我管理、自我創造、自我發展。這樣，下面的人把什麼事情都做好了，領導者就好像什麼都沒做一樣。另一方面，領導者又要有所「為」。「為」什麼呢？當然不是瑣碎的具體事務，而是要抽身謀人計，把自己從紛繁的瑣事中解脫出來，從複雜的關係中解放出來，專注於宏觀戰略、發展方向、長遠規劃等工作，做企業的靈魂與旗幟。只有這樣，才能創造條件、提供機會讓新一代員工能夠充分發揮自我價值。

出色的企業文化要是以員工為核心，以文化導向為最終手段，以此激發員工的積極性，使企業員工把實現個人價值與實現企業目標相結合，可以說企業文化建設是企業組織制度建設最強有力的精神

支柱。

我們在引進西方管理文化和管理制度的時候，如何把中國的文化、國情和中國人的性格、生活習慣、思維模式有效地結合起來，是一個值得研究的課題。

從宏觀上看，企業的生存與發展受到社會政治、經濟、文化、國際環境等要素的影響。市場經濟不斷發展，經濟環境的變化也日新月異，而新經濟的迅猛力量已經打破了很多舊有桎梏，建立起了新規則。企業面臨的環境不可能是一成不變的，企業文化也需要有發展、有進步、有變革，調整和改變勢在必行。在新時期、新的發展階段，老的企業需要克服慣性思維，適時轉變企業觀念，而新企業的企業文化則更需要建立在新環境、新市場的基礎之上。

從微觀上看，一個企業的文化和氣質很大程度上取決於企業創立者、領導者和決策者的文化和氣質。

威廉‧大內在《Z理論》一書中指出，傳統和氣氛構成一個企業的文化，同時文化意味著企業的價值觀，這些價值觀成為企業員工活動和行為的規範。由此可見，價值觀固然和文字、標語有著密不可分的關係，甚至文字和標語是價值觀表現出來的具體形態之一，但是很顯然，文字和標語並不能代表價值觀，價值觀來自於傳統和氣氛。

作為企業的領導者和決策者，企業的經營目標往往來自企業家做出的經營決策。確立企業的經營目標，並不是人人都可以輕易做到的，要求企業家必須具備卓越的才能、宏觀全局的思維、豐富的業務

知識、領導能力、判斷能力以及堅忍的意志。

　　企業的領導人所具備的能力、素質、氣質，會對企業的精神和價值觀產生直接的影響。這種影響逐步融入企業的氛圍和氣質的過程，是員工對企業的認同感增強的過程，也是企業凝聚力增強的過程。而認同感和凝聚力發揮作用是企業文化發揮作用的表現形式。

　　我們經常看到，很多企業在網頁上、企業大樓、廠房、會議中心乃至產品上都貼上它們的標語，諸如「尊重員工」「客戶第一」「不斷創新」等。他們認為這就是在踐行企業文化或者價值觀，是企業建設企業文化首先要遵守的行為和規範，其實並不盡然。

　　20世紀50年代，學者克魯伯指出，現代意義上的文化概念有5個方面的內涵，歷史形成的價值觀念是文化的核心，不同質的文化可以用價值觀概念的不同加以區分。日本企業的企業文化提到，在結構、戰略、體制、作風中，共同的價值觀處於中心位置，是決定企業命運的關鍵。有關核心價值觀的分析認為，企業「長壽」的基因是，企業上百年的核心價值觀沒有變，企業的主要領導者的價值取向沒有變。但是不同的企業會有不同的企業文化，因此核心價值觀必然也是不同的。比如強生公司提出顧客第一、員工第二、社會第三、股東第四。阿里巴巴則堅持客戶第一、員工第二、股東第三。IBM的核心價值觀是：充分考量每個雇員的個性，花大量時間令客戶滿意，盡最大努力把事情做對，謀求所從事的各個領域的領先地位。沃爾瑪公司的價值觀是：我們存在的目的是為顧客提供低價商品，通過降低價格和

擴大選擇來改善我們的生活，其他的事情都是次要的；逆流而上，向傳統觀念發出挑戰。

由此可見，企業的性質、提供的產品和服務不同，對其價值觀的影響也不同。IBM作為高科技企業，尊重員工個性、令客戶滿意和做對的事情是其企業文化最重要的三個方面；沃爾瑪公司則以提供低價商品擴大市場份額。很顯然，如果沃爾瑪公司強調個性，IBM強調低價，這樣的企業文化對於這些公司來說是不適合的，甚至會阻礙公司的發展。

企業文化的設計、總結和形成，與企業所屬的行業、服務以及企業本身的氣質密切相關，而企業的創立必然和企業領導人密切相關。也就是說，企業之所以在發展過程中有如此高度總結的價值觀，並且價值觀要融入企業氛圍，落實到實踐中，是因為企業的創立者在創立和發展企業的過程當中已經通過言傳身教將價值觀落實到產品和服務中來了。

從另一個角度來看，領導對企業文化的破壞性也是最大的，很可能因為領導的作風問題或者決策失誤而導致累積數十年的企業文化分崩離析。所以在整個企業文化建設過程中，領導要以身作則。

很多企業家都曾經說過一句話，「企業就是我的孩子」。這句話的意思不僅是指企業家本人傾註了精力與心血，還包括在某種程度上，企業會像孩子繼承父母基因、傳承家族文化一樣，成為企業家本人的性格、氣質、行為方式的承載者和傳承者。

在企業創立與發展過程中，企業家的性格特徵、生活哲學等都會對企業的經營哲學、企業文化、價值觀及公關策略產生決定性的影響。

因此，企業文化體系的內核很可能就是企業家的人格特質，企業文化的創立和發展自然就離不開企業家本人的總結、歸納和提升。

美國學者特倫斯・迪爾和艾倫・肯尼迪合著的《企業文化——企業生活中的禮儀與儀式》一書中指出：是不是每個公司都能有成熟的文化？筆者認為，是的。但是要做到這一點，公司的管理者必須首先認識到公司已經有了什麼類型的文化，哪怕是很微弱的。企業領導者的成功在很大程度上取決於是否能夠精確地辨識公司文化並琢磨它、塑造它，以適應市場不斷變化的需要。

對於這一理論的實踐，可以參考通用公司的做法。1956年，通用公司總裁克迪納創立了克頓維爾管理發展中心，這個中心是當時通用的命令中心和幕僚機構，用來傳播公司的核心策略和分權理念。可以說，這個小小的發展中心就是通用公司的文化發源地。韋爾奇上任之後，更加重視這一中心的建設，專門投入4,500萬美元不說，還每月至少去一次，不僅在管理中心發表演說和回答問題，還承擔了四門課的教學。這一舉動被認為是「以克頓維爾式的學習過程在通用公司掀起一場文化革新」。當然，重視文化建設工作的效果也是很明顯的：韋爾奇借此倡導企業文化變革，為日後的改革創造了良好的環境，從文化氛圍和輿論領域預先進行了鋪墊。

企業領導者要扮演好主導角色，就要在企業文化建設中發揮示範作用。企業領導者只有身體力行地實踐企業價值規範，才能為廣大員工所擁戴，他們倡導的企業價值理念才會真正被廣大員工認同、接受。企業領導者發揮示範作用，一要做到表裡如一，對本企業的價值理念堅信無疑、信守不渝，並且誠心誠意地貫徹執行；二要做到言行統一，忠實於自己倡導的企業價值觀，嘴上怎麼說，行動上就怎麼做，帶頭踐行企業價值規範，凡是號召員工做的，自己首先做到，凡是不讓員工做的，自己首先不做，處處事事帶好頭；三要事事做員工表率，不以善小而不為，不以惡小而為之，一言一行都不偏離企業價值；四要虛心向員工學習，從實踐中學習、向員工學習，以員工的經驗、智慧和優秀思想品質來彌補、豐富和完善自我；五要虛心接受群眾監督，歡迎來自員工的批評，主動徵詢大家的意見，幫助自己不斷克服弱點，改正錯誤。

國內建設企業文化比較典型的是聯想集團。曾任聯想集團董事局主席的柳傳志在 2001 年就被美國《時代》周刊評選為 25 位最卓越的商界領袖的第 14 位。原因是他只用了 15 年時間就把聯想從一個 20 萬元起家的小作坊變成中國一流的國際知名公司，控制了 30% 的電腦市場份額。

聯想的企業文化基因很大程度上來自於柳傳志的個人特質。作為聯想企業文化的締造者和管理者，柳傳志稱這種文化為「管理聯想的意識形態」。聯想招聘人才的首要要求是「血型要對」，即只有符

合聯想企業文化和氣質的人才可以進入聯想，並且在聯想找到合適的工作崗位。隨著網絡的發展，人才的硬性指標或許會有一些變動，畢竟多元化、個性化是互聯網時代的特質，但是對於最核心的氣質和標準，聯想仍舊在執著地堅持著。那就是聯想大門上「求實創新」四個字的具體要求。毫無疑問，這四個字是柳傳志最喜歡的，也是聯想企業文化最核心的部分。

　　由此可見，在企業文化塑造與發展的過程中，企業家會對企業文化進行適時的、恰當的總結和提煉，也會根據時代的進步和企業的發展情況進行相應的篩選和更新，但是企業最核心的文化和企業家最核心的氣質，在企業文化最內核的層面是不會出現顛覆性改變的，相反，在不停地創新和進步的過程中，這一內核會不斷鞏固，不斷發展，進而體現出更大的外延和張力。

創新需要「道法自然」與「以柔勝剛」

老子說，「人法地，地法天，天法道，道法自然」。其中的啟示簡要地說就是兩句話：一是按客觀規律辦事，二是按游戲規則出牌。老子的智慧完全來自於生活。他看到「人之生也柔弱，其死也堅強；草木之生也柔脆，其死也枯槁」，所以他得出了結論：「堅強者死之徒，柔弱者生之徒。」據說老子的老師臨死時，老子問他還有沒有什麼要教給他的。老師張開嘴，問，我的舌頭還在嗎？老子說，在。老師又問，我的牙齒還在嗎？老子說，一顆也沒有了。老師說，這就是我要教給你的，有時候，柔軟堅韌的力量更持久。企業文化創新亦是如此，在遵循客觀規律的同時，企業還須提高自身的制度建設水準和管理水準等軟實力。這樣才能在市場競爭中獲勝。

企業要想成為滿足市場需求的現代化企業，實現現代化的創新發展，首先要讀懂市場，理解用戶，要從根本上提高對制度創新管理的

認識，才能提高企業整體管理水準。而在提高企業整體管理水準之前，我們有必要瞭解和認識當前企業中出現的一些主要問題，以方便自我檢查和對症下藥。

首先，關於經營模式。因為習慣、教育、思維慣性等諸多因素的影響，加上傳統模式在運用的過程中安全系數相對較高，試錯的成本也較低，因此很多企業的管理者在創業和經營的過程中，更傾向於使用傳統模式。毫無疑問，傳統模式有可取之處，在以往的經營管理經驗中，傳統模式也的確發揮過非常重要的作用，很多管理經驗也告訴我們，很多傳統模式即使在未來的市場上也會發揮一定的作用。但是我們也應該看到，光有傳統模式是不夠的。市場上沒有一勞永逸的經營模式，從產品到技術、從生產到管理經驗、從制度到管理模式，最大的不變就是要隨著市場的發展和經營環境的變化而變化，與時俱進，有一定的前瞻性，才可能在激烈的競爭中存活下來，乃至獲得相應的優勢。

其次，追求穩定是傳統文化賦予我們的理念和習慣，這在社會生活和企業經營中都有明顯的體現。但是所有的管理者和企業領導人都需要明白一點，市場競爭就如逆流行進，向來是不進則退的。所謂的「穩定」在對手的眼中甚至從市場的角度看，就是倒退。為了防止倒退、防止被市場淘汰的命運，原本缺乏創新意識、創新精神和創新環境的企業有必要「洗心革面」。

企業管理制度及其實施效果決定著企業的發展成效，發展不好的企業與發展好的企業之間，在管理制度實施方面存在明顯差異。與發展不好的企業相比，成功企業的管理制度的編製和創新明顯更規範，實施效果更好，同時其管理制度始終不斷地進行創新和優化，管理制度的實施質量也不斷提高，使企業科學高效地運轉。也就是說，同一個行業內的兩家企業，如果同一類產品在市場上的競爭力存在明顯的差距，那麼一定是兩家企業的內部管理制度存在明顯的差距。企業管理制度的優勢越大，企業在市場競爭中的優勢就越大，也越容易取得成功。

管理制度創新是企業內部管理的一項變革，是現代化企業管理的必然要求。企業在目前的管理基礎上制定完善、合理、有效的管理制度，並不斷創新，企業才能取得更大的飛躍。

任何企業發展到一定階段，都會對新的市場環境有一些不適應，出現一些新問題。企業只有不斷地創新管理方式和方法、改進管理機制，才能獲得管理上的支持力和內驅力，從而增強企業的競爭力。

現代企業管理制度應該將領導人的經營理念變成企業的制度和文化。企業對管理制度進行創新，不是強制性地宣揚企業領導者的個人觀點，而是要調動全體企業員工的積極性，企業領導者用創新的激情感染企業員工，將創新企業管理制度的任務分配到位。比如在新興產業和高科技產業，人才不僅是生產力，還是重要的生產要素，如何留

住和用好人才，是管理的重中之重。管理人員通過長期的案例分析發現，儘管一直以來不乏企業老板或者創始人以「感情留人」的情況，但是真正留住人的不只是感情本身，還有創始人以事業發展作為感情的基礎，留住員工和創業團隊並將員工的個人發展與企業的發展聯繫在一起，其本質是靠制度留人。

企業在創新的道路上前進時，首先要做的就是站在新型平臺的角度去觀察與評定企業的管理制度創新是否對企業的發展具有積極意義。然後評定這種制度上的創新對於企業的業務、產品的發展是否具有促進作用。最後對於這個管理制度創新是否會使企業在新的市場競爭中穩定且快速發展進行判斷。面對市場的變幻莫測，不斷創新的企業的管理制度是幫助企業增強凝聚力與創新力的唯一途徑。

具有創新理念的企業管理者需要挑戰傳統管理理念，對於傳統管理制度中與現狀不符，可能會制約或阻礙企業發展的內容要合理質疑。要對這一制度中不完善的地方進行完善與創新。隨著舊事物的不斷滅亡，新事物必然取代舊事物。而在許多依然被傳統管理理念束縛的企業中，企業員工會將企業領導者的思想奉若聖旨，從不質疑。這在中國的企業之中更加常見，即使是幾十人規模的小公司，也會有員工覺得創辦人是能人，一個人搞起了企業，一個人帶來主要的收益，就從不質疑公司領導的任何管理方法，結果就讓企業變成一言堂，形成只聽老板的話的僵化格局。但在今天，為了實現企業管理制度的創

新，就必須敢於打破固有的思維，充分發揮公司員工的主觀能動性，讓員工真正意識到企業的發展離不開所有員工的共同努力。

早在20世紀20年代，通用汽車公司為了解決自己的管理難題，專門設立了管理部門事業部。當時這家企業正面臨著一個很重要的問題：如何對公司總裁威廉‧杜蘭德收購回來的子公司進行整編？當時的解決辦法是設立一個專門負責制定企業政策和控制企業財務支出的中央執行委員會，同時創立了負責日常營運的事業部。這個舉動是通用公司對於企業的管理進行的創新嘗試，是經典的解決企業管理問題的創新型手段，為通用汽車日後進入高速發展階段提供了可能。甚至很多管理學家、企業家以及觀察家都一致認為，通用汽車戰勝福特汽車公司一躍成為全世界最大的汽車製造企業，就是因為通用公司以制度管理的創新為技術和其他諸多方面的創新提供了保障。

借助這個案例我們可以看到，創新的能力是企業進行管理制度創新的基礎，企業要實現管理制度的創新，必要時可以成立一個具有獨立性的、新型的平臺或部門。為了適應這種管理制度上的創新，企業的員工應該具有適應創新帶來的變化的能力，本著客觀的態度去對待新制定的標準，積極配合新實施的管理方法並加以實踐。對於有利於企業發展的管理制度上的創新要勇於宣傳，同時對企業發展沒有太大意義的管理制度要敢於摒棄。這個平臺或部門雖然在一定程度上依賴於企業的工作方式、現有業務、相應的規章制度、組織結構，但是因

其具有自身的獨立性，可以幫助企業培育具有一定傳承性與創新性的組織文化、經營模式等。

事業部制是現代企業常用的一種企業組織形式，實際上就是將企業的所有員工根據從事工作的不同，劃分到不同的部門，主要負責企業營運中的一個環節。除此之外，事業部具有一定的經營自主權，可以實施獨立的核算，為企業發展注入更多活力。

持續創新有賴於「和而不同」

企業不僅要創新，而且需要有持續創新，才能立於不敗之地，獲得長足的發展。

而一家公司要獲得能持續創新的企業文化，需要的是傳統文化之中的「和而不同」。

和諧乃是包容差異甚至對立的統一，太極圖中的陰魚與陽魚即是如此。《論語‧子路》篇有句名言：「君子和而不同，小人同而不和。」什麼是和而不同？就是對上不盲從，不附和，提出不同意見，使決策更加完善；對下不排斥，不壓制，能海納百川，從善如流。什麼是同而不和？就是對上一味地奉迎附和，不表示不同意見；對下又大搞一言堂，家長制，固執己見，唯我獨尊。《國語‧鄭語》對「和同之辯」有著深刻的闡釋：「以他平他謂之和，故能豐長而物生之，若以同裨同，盡乃棄矣。」這就是說，不同的因素互相匹配、對立、依存、轉化，方能構成多樣性統一的世界；若事物只有單調的雷同，

則不但不能產生和創造新的東西，而且會使已有的事物歸於毀滅。

各種不同的意見充分交流、融合，最終形成最優方案。這就是「和而不同」的管理智慧。唯有「和而不同」，方能產生持續創新的動力。否則再大的公司只搞一言堂的話，是難以應對今天的複雜局面與競爭壓力的。

企業要發展壯大，必須具備核心競爭力，而創新是企業形成和提高核心競爭力的關鍵。現代管理學之父彼得・德魯克指出，一家企業有且僅有兩個基本功能：行銷和創新。創新且持續不斷地創新，是企業持續發展的保障。企業必須不停地研發新產品、創造新價值以適應不斷變化的市場環境和滿足用戶需求，才能長久經營下去。現代創新理論的提出者熊彼特認為，企業持續創新是指企業在很長一段時期內持續不斷地推出、實施創新項目，包括產品、工藝、原材料、組織、管理、制度等方面，並不斷帶來創新經濟效益的過程。

就像前文所言，目前創新成為社會的流行詞，中國大多數企業都在強調創新和鼓勵創新，也確實有一部分企業取得了一些創新成果，但是真正做到持續創新的企業少之又少。企業文化是企業的靈魂，是企業的精神支柱，企業要保障創新的持續性。除了在前面提到的科技創新、管理創新及制度創新之外，企業還必須注意關鍵一環——塑造企業持續創新的文化。

企業持續的創新文化是企業文化的一部分，目前來看，是至為重要的一部分。它是企業在長期經營管理過程中所創造和形成的能夠持

續激發和促進企業持續創新精神、持續創新行為等的具有自身特色的內在創新精神和外在創新物質形態的綜合，包括持續創新價值觀、持續創新準則、持續創新制度和持續創新物質文化環境等。

企業持續創新文化具有持續性、創造性、開放性的特點。

企業持續創新文化由內部和外部兩個部分構成。內部是精神層面的，是企業持續創新文化的核心，包括持續創新價值觀、持續創新精神、持續創新意識等；外部是物質層面的，是企業持續創新文化的載體，包括文字、標示、行為等。

塑造企業持續創新文化，就要培育企業的持續創新意識和精神。持續創新意識和精神是企業建設持續創新文化的核心，它具備強大的凝聚力，是員工能夠自主自覺工作、為企業奉獻的內在動力。同時，持續創新意識和精神是具有企業自身特色的價值取向，具有導向和規範作用，這種作用的強大程度是其他管理制度所不能比的。

具體來說，塑造企業持續創新文化，要有和而不同的包容性與開放性，尤其是實際操作中要注意以下幾點：

其一，塑造企業持續創新文化，企業家要以身作則。企業持續創新文化建設的啟動，是一個自上而下的過程，企業家作為第一推動力的作用十分重要。在這方面，中國的公司表現得比較明顯，老板不帶頭，打造創新文化就無從談起。

其二，塑造企業持續創新文化要以人為本。要讓持續創新工作成為廣大員工自覺自願的行為，要充分關注員工的物質和精神需求，關

注他們的興趣愛好，尊重他們，認可他們的價值，最大限度地讓員工輕鬆愉悅地工作，進而讓員工融入企業管理的文化氛圍中，從而調動他們持續創新的積極性和主動性。

其三，塑造企業持續創新文化，要給員工自由的空間。環境影響人，給員工提供自由的時間、自由的環境、自由的交流空間、自由的競爭條件等，把自由融入企業的文化氛圍中，讓員工做自己認為有價值的事情，將有利於企業持續創新。給員工更多的自由，他們才能釋放更多的創造力，在這方面，谷歌堪稱典範。

令人愉悅、舒適的辦公環境能激發人的想像力和創造力。谷歌在全球各地的辦公樓都有自己的特色，並且融合了各種風格，有鄉村風格、現代都市風格、未來科技風格等。在那裡，有滿眼翠綠的植物，有塗鴉畫作，有中東風情的粗毛地毯，有富有太空感的蛋型座椅，有蛋形會議室，有貴氣的復古圖書室，還有公共長廊、攀岩牆壁、沙灘排球場、游泳池、健身房、按摩椅、單車滑板、鋼琴，等等，這些讓辦公環境充滿了活力。此外，谷歌還給每位新員工提供100美元來裝飾辦公室，每個團隊也可以打造獨具自己團隊特色的會議空間，大家在自己的辦公室中可以自由發揮、「恣意妄為」。

除了給予空間上的自由之外，谷歌還允許每位員工擁有20%的自由支配時間，讓他們去做自己喜歡、認為有意義或認為更重要的事情。有很多好的項目譬如谷歌地圖上的交通信息、谷歌新聞等，都是

用這 20% 的時間開發出來的。

谷歌的內部溝通也十分開放和自由。在公司內部，大家可以公平享受辦公空間，不分級別。每個員工都可以零距離與高層領導溝通，反饋意見。谷歌的兩位創始人和首席執行官會定期與員工們共進午餐，屆時員工可以提任何「無理」的要求，而且幾乎這些「無理」的要求都能被滿足，比如帶寵物上班、建游泳池等。

在公司內部，員工還可以自由流動，從一個部門流動到另一個部門，去做自己喜歡、感興趣的事情。

所有這些寬鬆的、暢快的、自由自在的政策、環境、空間、時間等，讓谷歌的員工非常活躍，具備無窮的創造力，正是這支富有創造力的員工隊伍，讓谷歌開發出世界頂尖的技術，成為一家偉大的企業。

其四，塑造企業持續創新文化，要建立透明、公平、民主的決策機制。在自由、民主、愉悅的環境下，員工樂於進言，願意敞開心扉與領導真誠交流，提出自己在工作中發現的問題和想到的解決方案而不會有後顧之憂，不會因為懼怕權威而壓抑自己的想法。

其五，塑造企業持續創新文化要有制度保證。良好的制度是企業持續創新的前提。企業持續創新制度是企業在生產經營管理過程中形成的與企業持續創新精神等意識形態相適應的企業規章制度。企業內部應該形成一套完善的管理體系，以保證企業持續創新能夠常規化，

否則企業的持續創新只能停留在觀念上。

其六，塑造企業持續創新文化要重視和加強學習。知識是創新的源泉，學習是創新的基礎。在知識經濟時代，知識已經成為比勞動力、資本、原材料等更重要的經濟要素。而知識的更新速度更是成倍增長，「終身學習」已經成了每個人的習慣和必需。面對知識的飛快更新，企業要實現持續創新、持續成長，就必須重視和加強學習，樹立持續學習的觀念，把企業建成持續學習型組織，不斷學習、不斷更新知識，實現企業的持續創新發展。

最後，也是最重要的一點，塑造企業持續創新文化，要能及時鼓勵員工的創新行為，寬容員工創新嘗試的失敗。企業的持續創新項目是員工根據在長期的實踐工作中總結的經驗教訓，對產品、流程、工藝、市場、管理、制度等提出的促進企業發展的意見和建議，再具體實施這些意見和建議之後形成的。當然，不是所有的創新建議和創新項目都是合理和成功的。對於一些不太合理的天馬行空的想法，企業領導不能打擊，而是要在樂於接受的基礎上對他們進行正確的引導和鼓勵；對於一些失敗的創新項目，領導要坦然接受，從某個角度上講，創新是一個試錯的過程。

早在 2005 年，當阿里巴巴還是小公司的時候，創始人馬雲在東莞網商論壇上明確表示：敢於犯錯誤才能更成功。

「我並不覺得我丟臉，因為誰都會犯錯，犯錯誤並不耻辱，不承

認自己犯錯誤才是一種恥辱。今天阿里巴巴敢繼續走下去，是因為我們犯了這麼多錯誤，這是我們最大的財富。永遠不要把常勝將軍放在最關鍵的位置上。在座的所有老闆們記住，要把那些失敗的人，放到重要的位置上，因為經歷過失敗的人，才知道什麼是成功。常勝將軍沒有失敗過，但在最後有可能死得很慘。我查了馬姓最大的官，是馬謖，被諸葛亮給殺了。所以人只有犯過錯誤才可以成功。」

馬雲對「錯誤」一詞更深層次的理解幫助他更合理、更有效地招攬和使用了一大批人才。

馬雲舉例說，在阿里巴巴的平時考核中，有些人業績很好，但價值觀特別差。也就是說，他的銷售業績很好，但是他根本不講究團隊精神，不講究質量服務。這些人我們叫「野狗」。對他們，我們必須毫不手軟，淘汰他。因為，這些人對團隊造成的傷害是非常大的。當然，對於那些價值觀很好：人特別熱情，特別善良，特別友好，但就是業績永遠好不起來，也就是我們稱之為「小白兔」的人，我們也要淘汰。畢竟我們是公司，不是救濟中心。不過，「小白兔」在離開公司三個月後，還是有機會再進阿里巴巴，只要他能把業績做好，而「野狗」就沒有這個機會了。

就像馬雲所言，很多組織仍不願寬容失敗，主要有以下三個原因。

首先，失敗會對公司聲譽造成負面影響。上市公司一味盲目追求

經濟利益，為了不讓外部股東失望而面臨巨大壓力。任何失敗的苗頭都可能會讓外界擔心，導致短期內成本提高。因此公司幾乎不會傳播任何有關失敗的消息。所以，我們看到很多公司已默認對失敗零容忍，而且會掩蓋並忽略過去的失敗，直到這些失敗暴露出來並嚴重損害公司的長期發展。第二個原因與一種非理性現象有關，即「一切盡在掌握」的錯覺。如果覺得一切盡在掌握，可增強信心，相信企業的業務規劃和預測是可以實現的，這也是企業追求的最高境界。但事實並非如此，他們所認為的「一切盡在掌握」只是偶然的狀態，是一種錯覺。第三個原因與一種非理性傾向有關，即內在偏見。這種偏見是指人們傾向於用努力的表象和證據來評估所取得的成績。換句話說，我們堅信任何努力都會得到回報，因此可以進行評估和獎勵。

在中國傳統文化裡，鼓勵試錯，包容失敗的思想不勝枚舉，比如「知錯能改，善莫大焉」「浪子回頭金不換」「雖千萬人吾往矣」。這哪裡包含著深刻的思辨思想：允許積極嘗試、鼓勵大膽試錯，積極面對挫折，坦然接受失敗，吸取失敗的經驗和教訓。這是塑造企業持續創新文化的魅力所在，也是創新成功的必經之路。這也是在本書的結尾我最想與各位分享的一點。

國家圖書館出版品預行編目（CIP）資料

新常態下中小企業文化建設 / 張文舉 著. -- 第一版.
-- 臺北市：財經錢線文化, 2019.05
　　面；　公分
POD版

ISBN 978-957-680-343-7(平裝)

1.中小企業管理 2.企業經營

494　　　　　　　　　　　　　　　　108007226

書　　　名：新常態下中小企業文化建設
作　　　者：張文舉 著
發 行 人：黃振庭
出 版 者：財經錢線文化事業有限公司
發 行 者：財經錢線文化事業有限公司
E - m a i l：sonbookservice@gmail.com
粉 絲 頁：　　　　　　網　址：
地　　　址：台北市中正區重慶南路一段六十一號八樓 815 室
8F.-815, No.61, Sec. 1, Chongqing S. Rd., Zhongzheng
Dist., Taipei City 100, Taiwan (R.O.C.)
電　　　話：(02)2370 3310 傳　真：(02) 2370-3210
總 經 銷：紅螞蟻圖書有限公司
地　　　址：台北市內湖區舊宗路二段 121 巷 19 號
電　　　話:02-2795-3656 傳真:02-2795-4100 　網址：
印　　　刷：京峯彩色印刷有限公司（京峰數位）

本書版權為西南財經大學出版社所有授權崧博出版事業股份有限公司獨家發行電子書及繁體書繁體字版。若有其他相關權利及授權需求請與本公司聯繫。

定　　　價：380元
發行日期：2019 年 05 月第一版

◎ 本書以 POD 印製發行